茂兰研究·7

中国茂兰森林蔬菜

Forest Vegetables of Maolan, China

张宪春　姚正明　主编

中国科学院植物研究所
贵州茂兰国家级自然保护区管理局

科学出版社
北　京

内 容 简 介

本书作者经过野外和市场调查、民间咨询和文献整理，挖掘出贵州省荔波县茂兰地区自然分布的248种（含种下等级，后同）森林蔬菜，其中蕨类植物13种，被子植物175种，菌物60种。分类上，蕨类植物和被子植物科的分类系统分别采用了PPG Ⅰ系统和APG Ⅳ系统，科内种按拉丁名字母顺序排序；菌物科和种均按拉丁名字母顺序排序。本书对茂兰地区分布的主要森林蔬菜的形态特征、生境、国内地理分布等作了较为全面的介绍。为方便识别，每个物种均附有主要形态、识别特征的彩色照片。

本书适合植物学的科研人员和学生、植物爱好者、保护区管理人员阅读和参考。

图书在版编目（CIP）数据

中国茂兰森林蔬菜 / 张宪春，姚正明主编. —北京：科学出版社，2020.6
ISBN 978-7-03-064494-7

Ⅰ. ①中… Ⅱ. ①张… ②姚… Ⅲ. ①野生植物-蔬菜-荔波县
Ⅳ. ①S647

中国版本图书馆CIP数据核字（2020）第031596号

责任编辑：王 静 付 聪 / 责任校对：郑金红
责任印制：肖 兴 / 设计制作：北京图阅盛世文化传媒有限公司

科学出版社 出版
北京东黄城根北街16号
邮政编码：100717
http://www.sciencep.com

北京九天鸿程印刷有限责任公司 印刷
科学出版社发行 各地新华书店经销
*
2020年6月第 一 版 开本：889×1194 1/16
2020年6月第一次印刷 印张：17
字数：570 000

定价：268.00元

（如有印装质量问题，我社负责调换）

《中国茂兰森林蔬菜》编委会

主编单位

中国科学院植物研究所

贵州茂兰国家级自然保护区管理局

主　编

张宪春　姚正明

副主编

蒋日红　吴兴亮　王万海　谭成江

王亚荣　郭治友　向巧萍　张梦华

编　委

（以姓氏笔画为序）

卫　然　王万海　王亚荣　玉　屏　付贞仲

兰洪波　向巧萍　刘绍飞　杨　杰　杨仕涛

杨婷婷　吴兴亮　吴尚川　余成俊　张宪春

张梦华　陆光琴　陈正仁　柳华富　费仕鹏

姚　芊　姚正明　姚雾清　莫家伟　郭治友

蒋日红　韩　艳　覃龙江　覃池萍　蒙建国

蒙惠理　谭成江　熊志斌

蕨 *Pteridium aquilinum* subsp. *japonicum*

前　言
Preface

森林蔬菜是指生长在森林环境中可以作为蔬菜食用的植物、菌物和藻类等，属于天然的有机蔬菜，享有“林海珍品”“山珍”等美誉，是风行世界的五类健康食品之一，在日本、西欧和东南亚等地被称为天然食品、健康食品。

我国森林蔬菜资源丰富，种类多，分布广，人们采食森林蔬菜历史悠久。早在《诗经》里面就有描述：“陟彼南山，言采其蕨”“春日迟迟，卉木萋萋；仓庚喈喈，采蘩祁祁”等。白居易甚至还这样描写过采薇的场面：“朝采山上薇，暮采山上薇”。朱棣编撰的《救荒本草》一书，收录了414种可食用植物。李时珍的《本草纲目》记载了1892种药用植物，其中药食两用的植物有105种，如香椿、牛蒡等。1989年，军事医学科学院卫生学环境医学研究所和中国科学院植物研究所在对全国各地可食野菜调查的基础上，编写了《中国野菜图谱》，收录了150余种野菜，为我国森林蔬菜的研究提供了科学依据。

荔波县茂兰地区位于贵州与广西的交界处，水文地质条件特殊，气候温暖湿润，冬无严寒，夏无酷暑，保存着世界上面积最大、有“北回归线上的地球蓝腰带”美誉的喀斯特原始森林。这里生长着175科572属1407种维管植物，其中石松类和蕨类植物32科78属235种，种子植物143科494属1172种。茂兰森林林下、岩石上、石缝间、树干上有大量的腐殖质，为植物提供了良好的生长环境。各种野生的森林蔬菜在这里吸收着大自然的精华，带着山的味道、土的气息、水的纯净、空气的清新，成为藏在森林里的珍宝。勤劳智慧的当地居民利用丰富的森林蔬菜创造了独具特色的美食文化。

森林蔬菜属林中珍品，在我国可供食用的森林蔬菜多达2000多种，可食部位有叶、花、果实、种子、茎干、枝条、根、皮等，其中蕨、竹笋、香菇、黑木耳等加工制成的干品已在我国出口市场上独具特色，成为创汇的大宗土特产品。森林蔬菜的合理开发已得到许多地区的重视，为了系统地研究茂兰森林蔬菜资源，我们对茂兰及其周边地区开展了多次野外资源和市场调查，并深入地方居民生活中咨询，以更好地调查地方居民常食用的森林蔬菜。通过调查，我们共收集到地方常食用的森林蔬菜248种（含种下等级，后同），其中蕨类植物13种，被子植物175种，菌物60种。这些物种多处于野生状态，大部分还没有进行人工栽培；一些物种在茂兰地区比较稀有，但常食用，如多花黄精（*Polygonatum cyrtonema*）、莪术（*Curcuma phaeocaulis*）、阳荷（*Zingiber striolatum*）、金竹（*Phyllostachys sulphurea*）等。

随着旅游开发的加剧、旅游人数的增加和生态环境的改变，野生资源日益减少。为了有效保护森林蔬菜的野生资源，并满足地方消费需求，应在保护区范围内，严格控制野生森林蔬菜的采集，加大资源保护力度，采取限制采集区域、限定采集量等措施，避免过度采集；同时，应利用周边及居民区附近的区域对需求量大的物种进行人工栽培，以满足市场需求，促进地方特色产业和经济的发展；并通过人工引种栽培，建立野生森林蔬菜资源扩繁培育基地，实现由当地单纯利用野生森林蔬菜资源向人工栽培资源的转变，达到长期保护和可持续利用的目的，使其长久地服务于人类健康。

一些野生蔬菜既是可食用的又是具有药用价值或有毒的植物，在加工处理、烹调方法和食用量上应注意，尤其注意一些有毒的植物，如天南星科植物。民间老百姓长期积累的食用方法也需要整理挖掘，这也是很好的民族植物学研究课题。

本书对茂兰地区分布的主要森林蔬菜的形态特征、生物学及生态学特性、国内地理分布等作了较为全面的介绍。为方便识别，每个物种均附有主要形态特征、识别特征的彩色照片。

野外调查工作得到了贵州茂兰国家级自然保护区管理局和各管理站的支持。北京师范大学刘全儒教授、中山大学廖文波教授、贵州大学荀光前教授、吉首大学张代贵教授、重庆市药物种植研究所刘正宇研究员、北京林业大学沐先运副教授、北京巧女公益基金会赵鑫磊先生等协助鉴定和提供照片，特此感谢。著名博物手绘专家李聪颖绘制封面彩图，特此感谢。

由于作者水平有限，疏漏之处在所难免，敬请读者指正。

编　者

2019 年 3 月

目　　录
Contents

前言

第一章　蕨类植物

第二章　被子植物

第三章 菌 物

第一章
蕨类植物

合囊蕨科 Marattiaceae

福建观音坐莲 福建观音座莲、地莲花、马蹄蕨

Angiopteris fokiensis

植株高达1.5m。根状茎呈块状，直立，背面簇生圆柱状的粗根。叶长2～4m；叶柄瘤状；叶片二回羽状；羽片阔卵形；小羽片35～40对，披针形，基部圆形或截形，边缘锯齿状，先端渐尖，向上弯曲；叶脉明显，一般分叉，无假脉。孢子囊群距叶缘0.5～1mm，由8～10个孢子囊构成。

生于海拔400～700m的沟谷林下。分布于福建、广东、广西、贵州、海南、湖北、湖南、江西、四川、云南、浙江。

嫩叶柄、嫩芽及块茎可食用；块茎可提取淀粉或制酒。

紫萁科 Osmundaceae

紫萁 薇菜

Osmunda japonica

植株高 50～80cm。叶为纸质，簇生，棕绿色。能育叶与不育叶等高或稍高，羽片与小羽片均缩短，小羽片线形；叶柄幼时密被绒毛，易脱落；叶片三角状阔卵形，二回羽状；羽片 3～5 对，长圆形，基部一对稍大，奇数羽状；小羽片 5～9 对，无柄，长圆形或长圆披针形；叶脉两面明显，二回分叉。孢子囊沿主脉小脉密生。

生于海拔 400～1000m 的田埂、裸露山坡或林下。分布于安徽、重庆、福建、甘肃、广东、广西、贵州、河南、湖北、湖南、江苏、江西、陕西、山东、四川、台湾、西藏、云南、浙江。

叶可食用，炒食或凉拌。

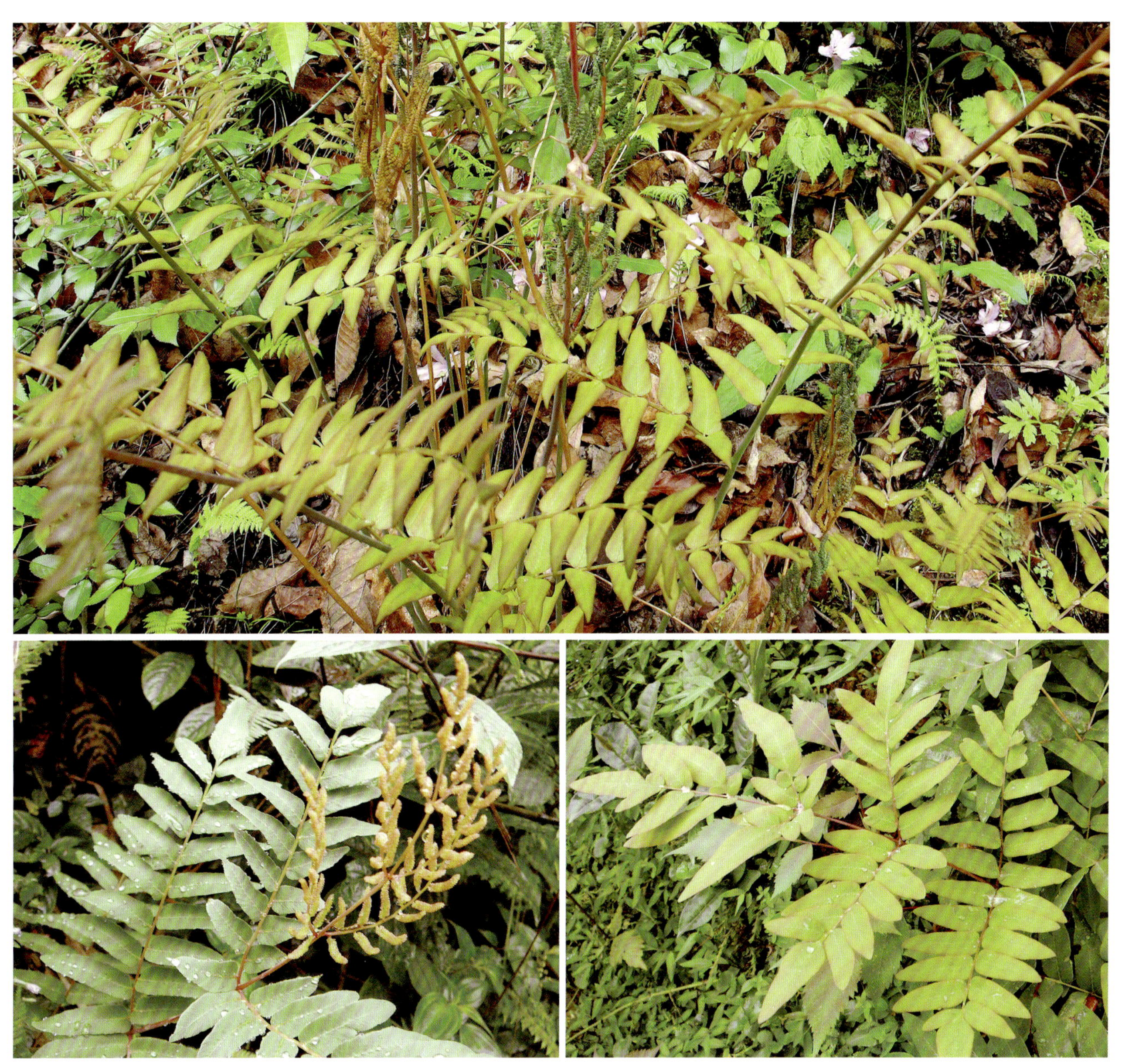

里白科 Gleicheniaceae

芒萁 芒萁草、山芒、铁蕨鸡

Dicranopteris pedata

植株通常高0.5～2m。叶柄棕禾秆色，光滑无毛；叶轴一至三回二叉分枝；芽苞卵形，边缘具不规则裂片或粗齿，偶为全缘；裂片平展，15～50对，线状披针形；叶为纸质，腹面黄绿色或绿色，沿羽轴被锈色毛，后变无毛，背面灰白色，沿中脉及侧脉疏被锈色毛。孢子囊群生裂片小肋两侧，两侧各1行。

生于海拔500～700m的林下、林缘或路边。分布于安徽、福建、甘肃、广东、广西、贵州、海南、湖北、湖南、江苏、江西、山西、四川、台湾、云南、浙江。

叶可食用和药用，具有抗菌消炎、抗氧化的作用。

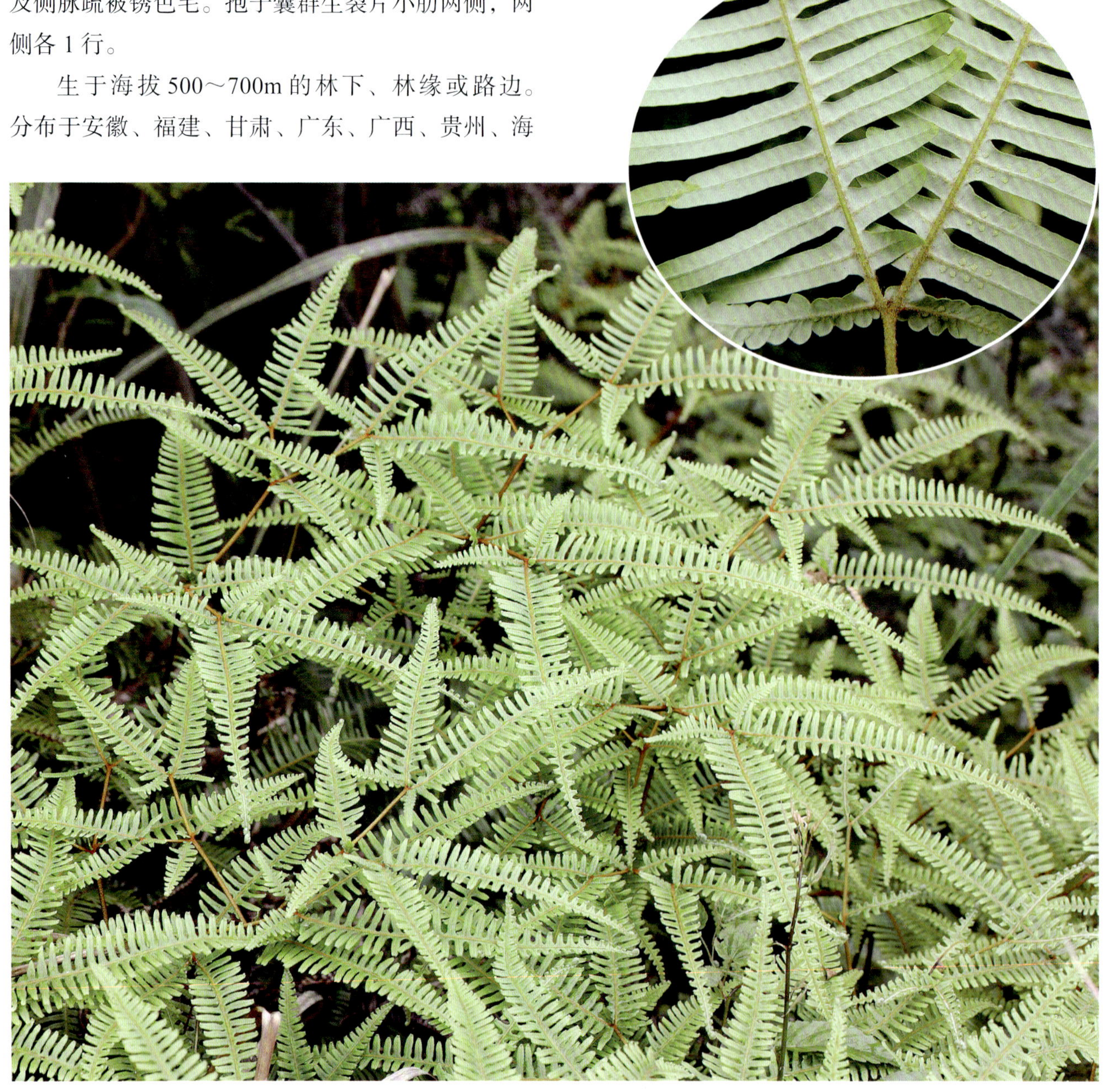

蘋科 Marsileaceae

南国田字草 田字草、苹
Marsilea minuta

植株高可达30cm。根状茎细长横走，分枝，顶端被有淡棕色毛，茎节远离，向上发出一至数枚叶子。叶柄长2～30cm；叶片由4片倒三角形的小叶组成，呈“十”字形，外缘半圆形，基部楔形，全缘或有波状圆齿或浅裂，幼时被毛，草质；叶脉从小叶基部向上呈放射状分叉，组成狭长网眼，伸向叶边，无内藏小脉。孢子果通常簇生于叶柄着生处的根状茎节上，单生；孢子果呈椭圆形，两侧面隆起，果壁褐色，木质化，坚硬，每个孢子果内含多数孢子囊。

生于海拔400～600m的水塘、沟渠及水田中。分布于安徽、福建、广东、贵州、海南、湖北、湖南、江苏、江西、陕西、四川、台湾、云南、浙江。

叶可食用，微酸。

金毛狗科 Cibotiaceae

金毛狗 蚌壳蕨、狗脊、猴毛头、黄狗蕨
Cibotium barometz

根状茎卧生，粗大，顶端生出一丛大叶。叶柄长达 120cm，基部被有一大丛垫状的金黄色茸毛，长逾 10cm，有光泽；叶片大，长达 180cm，三回羽状分裂；叶近革质或厚纸质，干后腹面褐色，有光泽，背面为灰白色或灰蓝色，两面光滑，或小羽轴上下两面略有短褐毛疏生。孢子囊群在每一末回能育裂片 1～5 对，生于下部的小脉顶端；囊群盖坚硬，棕褐色，横长圆形，2 瓣状，成熟时张开如蚌壳，露出孢子囊群。

生于海拔 200～600m 的开阔地带、林缘、山谷中。分布于重庆、福建、广东、广西、贵州、海南、湖南、江西、四川、台湾、西藏、云南、浙江。

根状茎可食用，可提取淀粉或酿酒。

碗蕨科 Dennstaedtiaceae

栗蕨
Histiopteris incisa

植株高达 2m。根状茎长而横走，粗壮。叶柄基部具微细疣状突起，向上平滑；叶片三角形或长圆状三角形，长达 1m，二至三回羽状；羽片对生，多数，平展或斜展，或上部的呈镰刀形而斜向无柄，基部有托叶状的小羽片 1 对，基部一对羽片通常较大；叶脉网状，近叶缘的叶脉游离；叶干后草质或纸质，无毛。孢子囊群线形。

生于海拔 500～700m 的山坡林下及溪边。分布于福建、广东、广西、贵州、海南、湖南、江西、台湾、西藏、云南、浙江。

嫩叶可食用，炒食或凉拌。

蕨 蕨菜、拳菜、朗逸噶

Pteridium aquilinum subsp. **japonicum**

根状茎长而横走，密被锈黄色柔毛。叶柄光滑，腹面具浅纵沟；叶片宽三角形或长圆状三角形，渐尖头，基部圆楔形，三回羽状；羽片4～6对，基部一对三角形，二回羽状；小羽片约10对，披针形，尾状渐尖头，一回羽状；裂片10～15对；叶脉羽状，侧脉分叉，背面明显，具边脉；叶干后纸质或近革质；叶轴与羽轴光滑，仅小羽轴背面多少被毛，各回羽轴腹面均具纵沟，无毛。

生于海拔500～1000m的阳坡及林缘。全国广布。

嫩芽、嫩茎、嫩叶可食用；根状茎提取的淀粉称蕨粉，可做粉条和蕨粑；嫩茎可炒食、烩、凉拌。

毛轴蕨 毛蕨、密毛蕨、峦大蕨、毛蕨菜

Pteridium aquilinum subsp. **wightianum**

根状茎横走，被锈色卷曲节状毛。叶柄有纵沟，幼时具锈色节状毛；叶片宽三角形或卵状三角形，渐尖头，三回羽状；羽片4～6对，长圆形，渐尖头，二回羽状；小羽片12～18对，无柄，不与羽轴合生，披针形；裂片约20对，镰状披针形，全缘；叶披针形，顶部二回羽状；叶轴及各回羽轴背面和腹面纵沟内均密被柔毛，后渐稀疏。

生于海拔600～1000m的山坡阳处或山谷疏林下林间空地。分布于甘肃、广东、广西、贵州、河南、湖北、湖南、江西、陕西、四川、台湾、西藏、云南、浙江。

嫩茎、嫩芽、嫩叶、根状茎可食用，茎、叶可清炒、凉拌，晒干后可煮食或泡水；根状茎可提取淀粉制作蕨粑或酿酒。

铁角蕨科 Aspleniaceae

狭翅巢蕨 狭基巢蕨、斩龙剑、黔怒蕨

Asplenium antrophyoides

根状茎直立，粗短，木质。叶柄极短或近无柄，禾秆色，草质，干后上下两面扁平，两侧有宽翅几达基部；叶片单叶，簇生成花篮状，倒披针形，向下骤窄而长下延，全缘有软骨质窄边，干后反卷；小脉两面略明显，单一或分叉，平行；叶近革质，干后棕绿色或暗绿色，两面无毛。孢子囊群线形，着生小脉上侧，具宽间隔，叶片中部以下不育；囊群盖线形，浅皱缩，宿存。

生于海拔 420～800m 的石灰岩岩壁或山沟林中树干上。分布于广东、广西、贵州、湖南、四川、云南。

嫩叶可食用。

乌毛蕨科 Blechnaceae

乌毛蕨 拳菜、蕨菜、老虎爪、地花菜

Blechnum orientale

根茎粗短，直立，木质。叶二型；叶柄坚硬，无毛；叶片卵状披针形，一回羽状，羽片多数，下部的圆耳状，不育，向上的羽片长，中上部的能育，线形或线状披针形；叶脉腹面明显，主脉隆起，有纵沟，小脉分离，单一或二叉，斜展或近平展，平行，密接；叶干后棕色，近革质，光滑；叶轴粗，棕禾秆色，无毛。孢子囊群线形，羽片上部不育；囊群盖线形，开向主脉，宿存。

生于海拔500～800m的较阴湿沟旁、坑穴边缘、山坡灌丛中或疏林下。分布于重庆、福建、广东、广西、贵州、海南、湖南、江西、四川、台湾、西藏、云南、浙江。

嫩茎、嫩叶可食用。

蹄盖蕨科 Athyriaceae

菜蕨 水蕨菜

Diplazium esculentum

植株高达 1.5m。根状茎直立或斜升，有时树干状，密被鳞片；鳞片披针形，边缘有细齿。叶片三角形或长圆形，二回羽状或一回羽状；羽片有柄，宽披针形，一回羽状或羽裂；小羽片渐尖头，边缘有齿或浅裂，裂片有浅钝齿；叶纸质或坚草质，无毛或叶轴和羽轴背面有锈黄色绒毛；叶脉在裂片上为羽状，下部 2～3 对联结。孢子囊群条形，每小脉 1 条，伸达叶缘；囊群盖同形，全缘。

生于海拔 500～700m 的山谷林下湿地及河沟边。分布于安徽、福建、广东、广西、贵州、海南、湖南、江西、四川、台湾、西藏、云南、浙江。

嫩叶可食用。

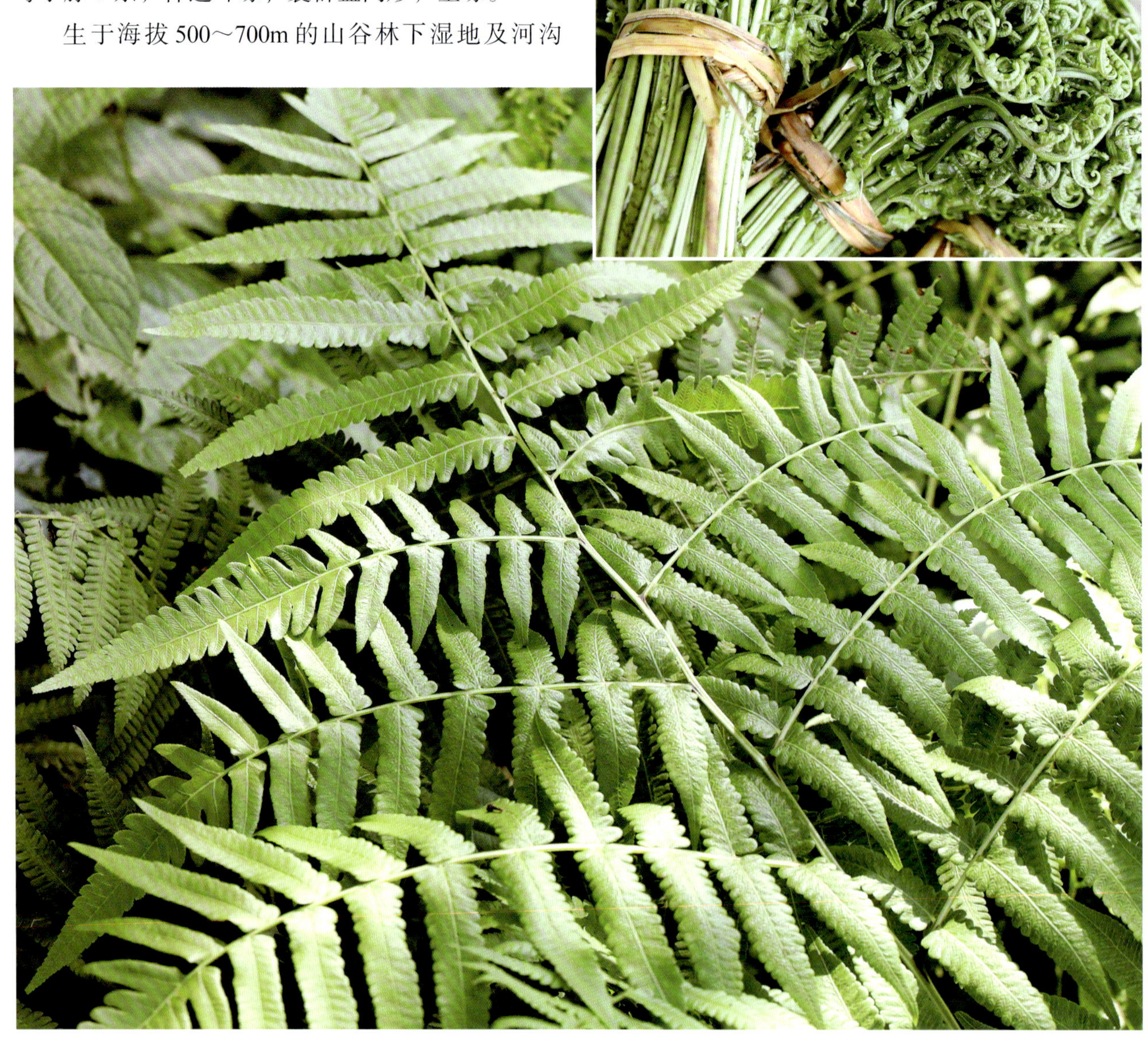

金星蕨科 Thelypteridaceae

星毛蕨
Cyclosorus proliferus

土生蔓状蕨类，长达 1m。根状茎长而横走，连同叶柄基部疏被深棕色、有星状分叉毛的披针形鳞片。叶片披针形，基部略变狭；叶轴顶端常延长成鞭状，着地生根；羽片披针形，短尖头，基部圆截形，边缘浅波状，平展，近对生，近无柄，羽片腋间常生有鳞芽，并由此长出一回羽状的小叶片。孢子囊群近圆形或长圆形，无盖，成熟后往往汇合。

生于海拔 100～950m 阳光充足的溪边河滩沙地上。分布于福建、广东、广西、贵州、海南、湖南、江西、四川、台湾、云南。

嫩叶可食用。

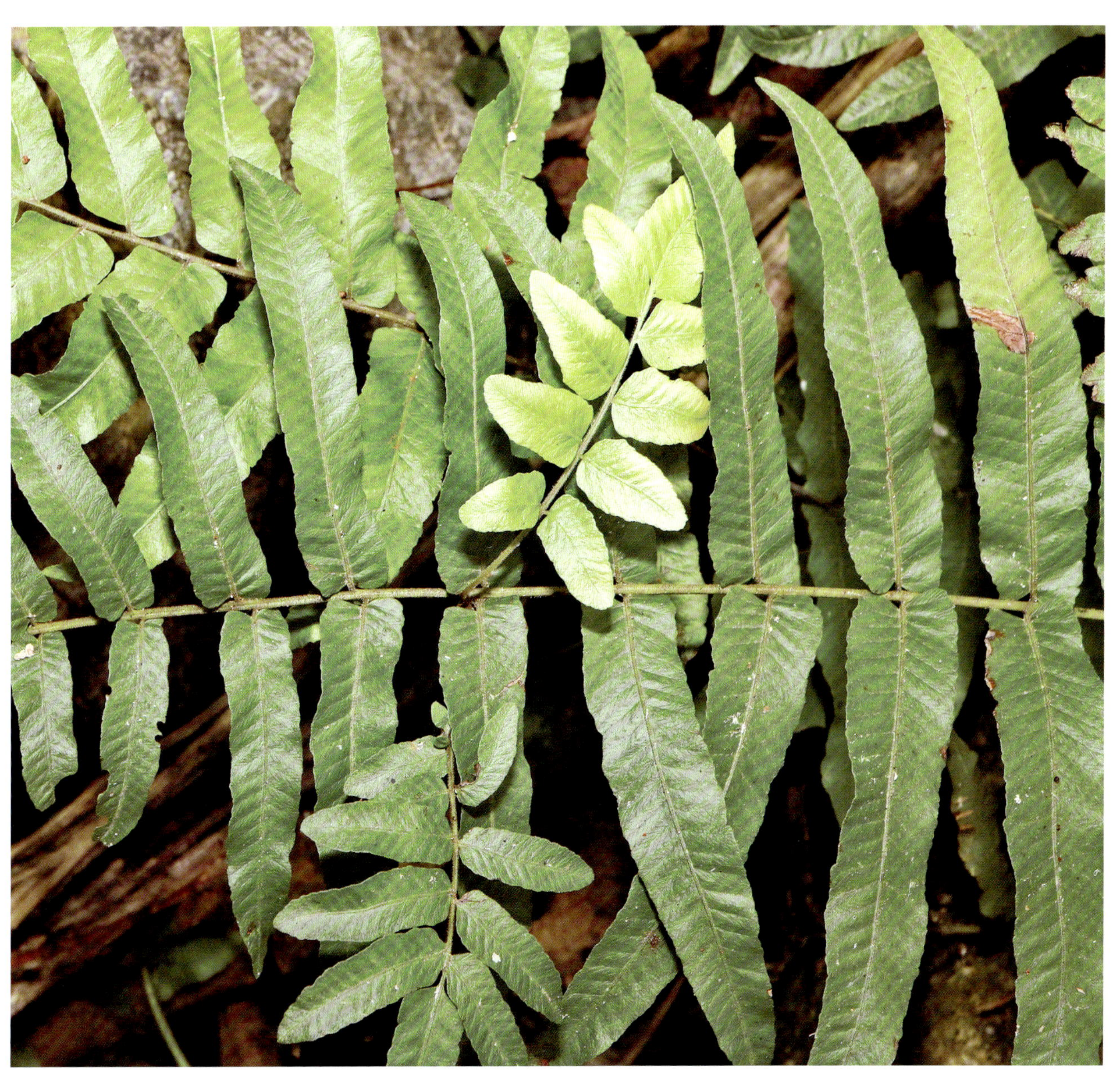

肾蕨科 Nephrolepidaceae

肾蕨　篦子草、凤凰蛋

Nephrolepis cordifolia

附生或土生。根状茎直立，下部有粗铁丝状的匍匐茎向四方横展；匍匐茎不分枝。叶簇生；叶柄长 5～15cm；叶片线状披针形或狭披针形，一回羽状；羽片 40～120 对，互生，常密集而呈覆瓦状排列，披针形，几无柄，以关节着生于叶轴；叶脉明显，侧脉纤细，小脉直达叶缘附近，顶端具纺锤形水囊；叶坚草质或草质，光滑。孢子囊群成一行位于主脉两侧，肾形，少有圆肾形或近圆形；囊群盖肾形，褐棕色，边缘色较淡，无毛。

生于海拔 420～1020m 的林下石壁上。分布于福建、广东、广西、贵州、海南、湖南、台湾、西藏、云南、浙江。

嫩叶、块状储水器可食用，块状储水器富含淀粉和水分，可生食。

第二章 被子植物

三白草科 Saururaceae

蕺菜　鱼腥草、折耳根

Houttuynia cordata

多年生草本，高 30～60cm，具鱼腥味。茎下部伏地，节上轮生小根，上部直立，无毛或节上被毛，有时带紫红色。叶薄纸质，有腺点，背面尤甚，卵形或阔卵形，基部心形，两面有时除叶脉被毛外余均无毛，背面常呈紫红色；叶脉 5～7 条；叶柄无毛；托叶膜质，下部与叶柄合生成鞘，且常有缘毛，基部扩大，略抱茎。总花梗无毛；总苞片长圆形或倒卵形，顶端钝圆；雄蕊长于子房，花丝长为花药的 3 倍。蒴果顶端有宿存的花柱。花期 4～7 月。

生于海拔 1000m 以下的沟边、溪边或林下湿地上。分布于安徽、福建、甘肃、广东、广西、贵州、海南、河南、湖北、湖南、江西、陕西、四川、台湾、西藏、云南、浙江。

嫩叶、茎可食用。夏秋季采摘嫩茎叶，开水烫过，炒食或做汤，也可凉拌；冬春季可挖嫩根茎洗净腌食。

樟科 Lauraceae

川桂　柴桂、三条筋
Cinnamomum wilsonii

乔木，高 25m。枝条圆柱形，干时深褐色或紫褐色。叶互生或近对生，卵圆形或卵状长圆形，先端渐尖，尖头钝，基部渐狭下延至叶柄，离基三出脉。圆锥花序腋生，单一或多数密集，少花，近总状或为 2～5 花的聚伞状，具梗，总梗纤细；花白色；花被内外两面被丝状微柔毛，花被筒倒锥形，花被裂片卵圆形，先端锐尖，近等大；能育雄蕊 9，花丝被柔毛，花药长圆形；退化雄蕊 3，位于最内轮，具柄；子房卵球形，花柱增粗，柱头宽大，头状。果托顶端平截，边缘裂片极短。花果期 4～6 月。

生于海拔 600～1400m 的山谷、山坡阳处或沟边、疏林或密林中。分布于广东、广西、贵州、湖北、湖南、江西、陕西、四川。

果实可食用；叶、嫩枝、树皮用于制作香料。

山胡椒 雷公子、假死柴、野胡椒、香叶子

Lindera glauca

落叶灌木或小乔木，高可达8m。叶互生，宽椭圆形、椭圆形、倒卵形至狭倒卵形；叶枯后不落，翌年新叶发出时落下。伞形花序腋生；总梗短或不明显；生于混合芽中的总苞片绿色膜质，每总苞有3～8花；雄花花被片黄色，椭圆形；雄蕊9，近等长，第三轮的基部着生2个具角突宽肾形腺体，有时第二轮雄蕊花丝也着生1个较小腺体；雌花花被片黄色，椭圆形或倒卵形；退化雄蕊条形，第三轮的基部着生2个肾形腺体；子房椭圆形，柱头盘状。果近球形，无毛，幼时绿色，成熟时黑色。花果期3～8月。

生于海拔700～900m的山坡、林缘。分布于安徽、福建、甘肃、广东、广西、贵州、河南、湖北、湖南、江西、陕西、山东、山西、四川、台湾、浙江。

根、枝、叶、果可食用和药用。

菖蒲科 Acoraceae

金钱蒲 钱蒲、菖蒲
Acorus gramineus

多年生草本，高 20～30cm，根茎芳香。根肉质。根茎上部多分枝，呈丛生状。叶片质地较厚，线形，绿色，无中肋，平行脉多数；叶无柄。花序腋生；叶状佛焰苞长 3～9cm；肉穗花序圆柱状；花黄绿色。成熟果序长 3～9.5cm，粗达 1cm；幼果绿色，成熟时黄绿色或黄白色。花果期 4～7 月。

生于海拔 400～1000m 山谷的水旁湿地或石上。分布于浙江、江西、湖北、湖南、广东、广西、陕西、甘肃、四川、贵州、云南、西藏。

根肉质，气味芳香，可食用。叶、花可药用，用于熏蚊虫。

石菖蒲
Acorus tatarinowii

多年生草本，根茎芳香。根肉质，具多数须根。根茎上部分枝甚密，植株因而成丛生状。叶无柄，叶片薄，暗绿色，线形，基部对折，中部以上平展，先端渐狭，无中肋，平行脉多数，稍隆起。花序柄腋生，三棱形；叶状佛焰苞长13～25cm；肉穗花序圆柱状；花白色。成熟果序长7～8cm；幼果绿色，成熟时黄绿色或黄白色。花果期2～6月。

生于海拔20～1600m的密林下，生长于湿地或溪旁石上。黄河以南各地均有分布。

根茎可作调料，亦可药用，具有化湿开胃、开窍豁痰的功效。

天南星科 Araceae

尖尾芋 海芋

Alocasia cucullata

常绿草本，具匍匐根茎，有直立的地上茎。茎高达 3～5m，基部长出不定芽条。叶多数，叶柄绿色或污紫色，螺状排列，粗厚，长可达 1.5m，基部连鞘宽 5～10cm，展开；叶片亚革质，草绿色，箭状卵形，边缘波状。花序柄 2～3 枚丛生；佛焰苞管部绿色，卵形或短椭圆形；肉穗花序短于佛焰苞；雌花序白色。浆果红色，卵状。种子 1～2 粒。花期四季。

生于海拔 1200m 以下的河谷野芭蕉林下、林缘。分布于福建、广东、广西、贵州、湖南、四川、台湾、云南。

叶柄、块茎常供蔬食，也可代粮，但需要进行加工去毒处理。全株有毒，以根茎毒性较大，可药用。

花蘑芋 魔芋

Amorphophallus konjac

多年生草本。块茎扁球形，顶部中央明显下凹成圆窝。叶柄及花序柄基部均围以膜质鳞叶，内面鳞叶椭圆形；叶柄光滑，灰色或灰白色，具绿色斑块；叶片 3 全裂，裂片 2～3 次羽状深裂，小裂片椭圆形，基部宽楔形，外侧下延。花序柄长 40～60cm，圆柱形；佛焰苞直立，倒钟形，紫红色，不具斑块，内面基部紫褐色，具疣皱；肉穗花序远长于佛焰苞；雄花花药无柄，卵圆形，顶部截平，紫色；雌花子房扁球形，2 室，每室胚珠 1，花柱伸长，远长于子房，柱头 2 浅裂。花期 4 月。

生于海拔 200～1000m 的村边、次生林、林缘或灌丛。分布于贵州、云南、广西。

全株有毒，以块茎为最，不可生食，加工后方可食用。

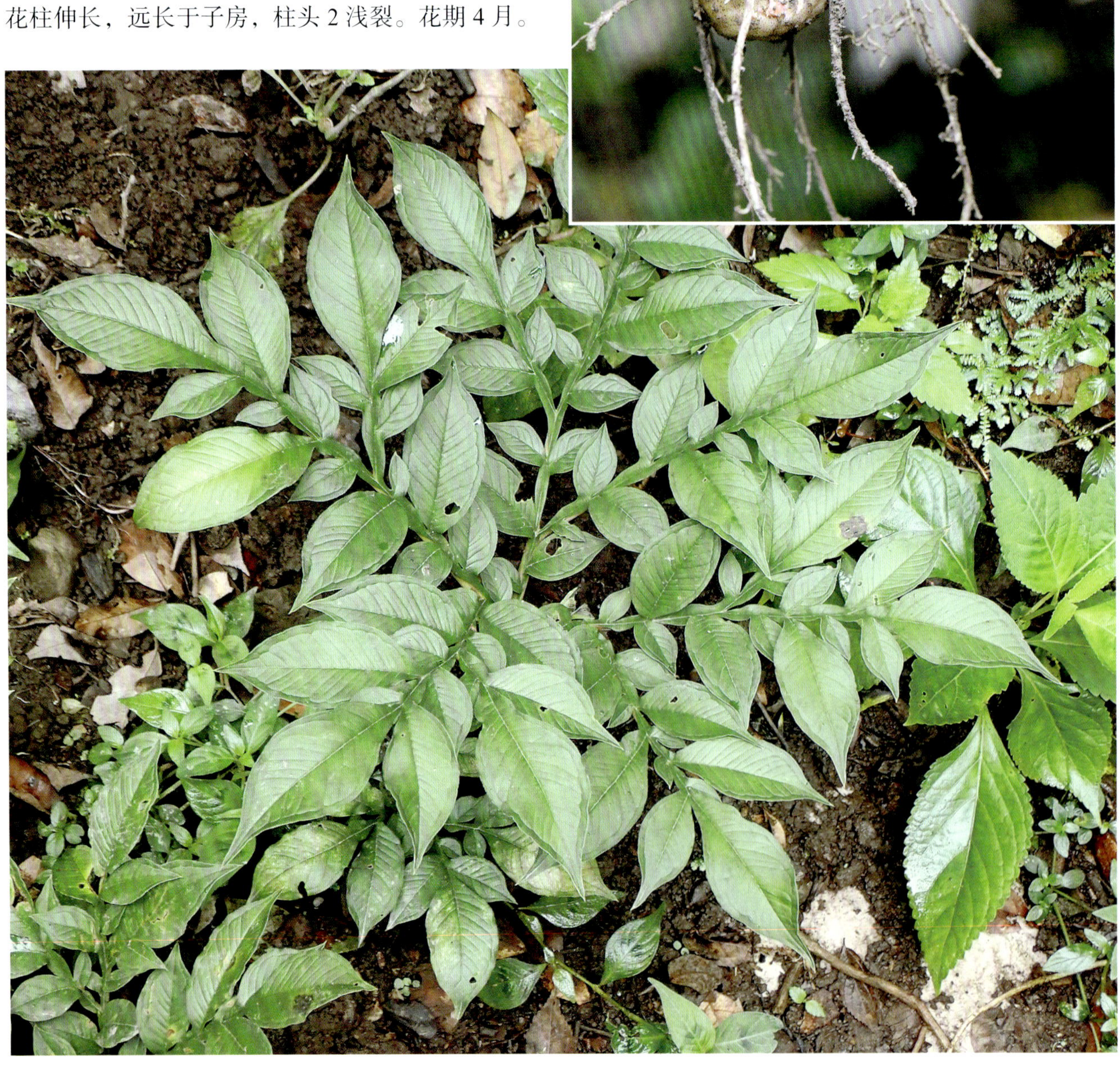

滇南芋 野芋
Colocasia antiquorum

湿生草本。块茎球形，有多数须根；匍匐茎常从块茎基部外伸，长或短，具小球茎。叶柄肥厚，直立，长可达 1.2m；叶片薄革质，表面略发亮，盾状卵形，基部心形，长达 50cm 以上。花序柄比叶柄短许多；佛焰苞苍黄色；肉穗花序短于佛焰苞；雌花序与不育雄花序等长；子房具极短的花柱。

生于海拔 400～800m 的村边、溪谷和林下阴湿处。分布于江南。

全株有毒，块茎毒性较大，生食叶片可引起口腔疼痛；外敷可用于解毒。块茎加工后方可食用。

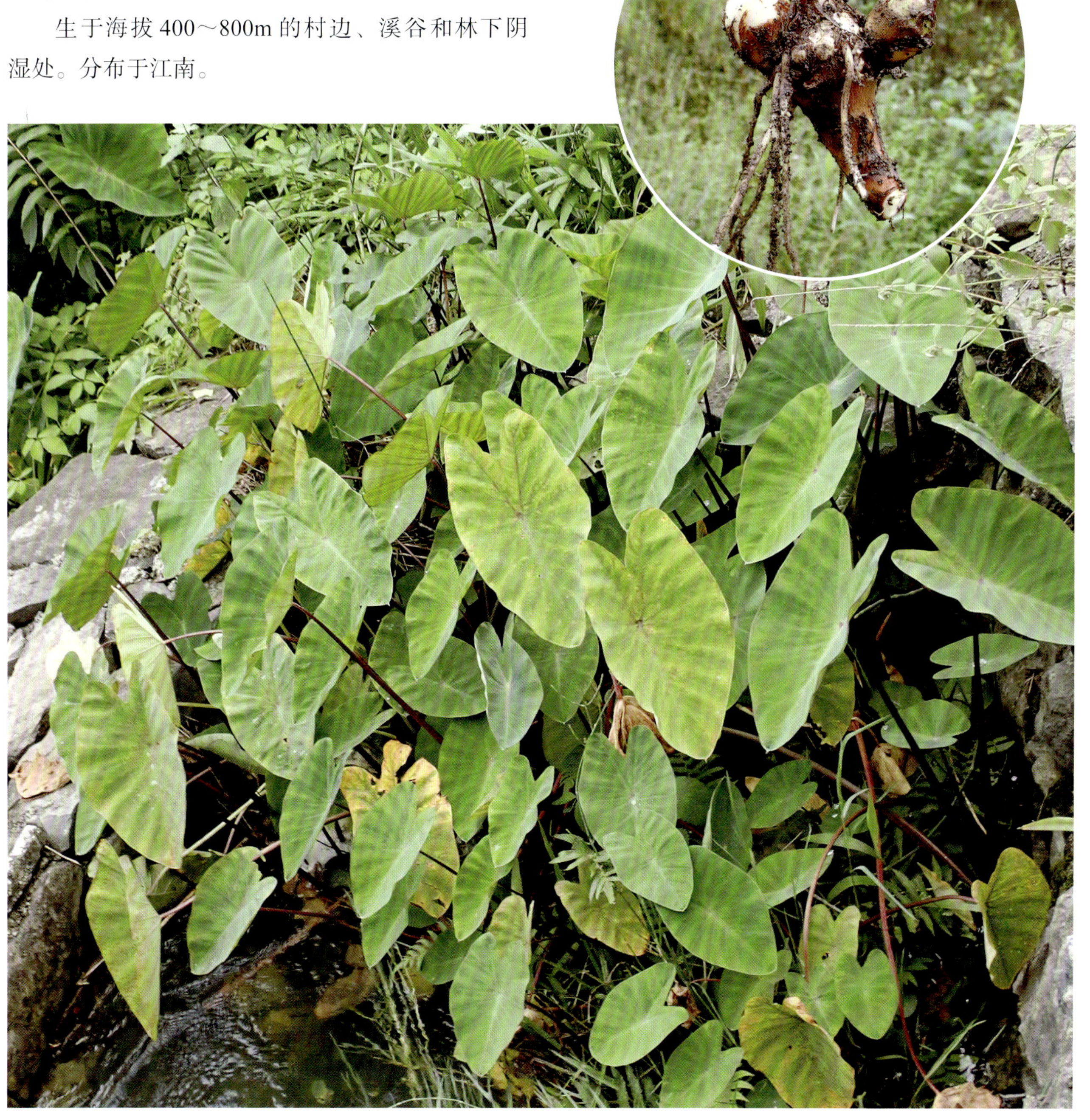

芋 芋头

Colocasia esculenta

多年生草本。块茎粗厚；侧生小球茎若干枚，倒卵形，多少具柄，表面生褐色须根。叶 1～5，由块茎顶部抽出，长 1～1.2m；叶柄圆柱形，向上渐细，紫褐色；叶片盾状，卵状箭形，深绿色，边缘波状。花序柄单一；佛焰苞管部多少具纵棱，绿色或紫色，向上缢缩、变白色；檐部厚，席卷成角状，金黄色，基部前面张开；肉穗花序两性；基部雌花序长圆锥状，长 3～3.5cm，下部粗 1.2cm；中性花序长 3～3.3cm，细圆柱状；雄花序圆柱形，长 4～4.5cm，粗 7mm，顶端骤狭；附属器钻形，长约 1cm，粗不及 1mm。花期 7～9 月。

全国各地栽培，少数逸生于海拔 300～500m 的田间或湿地。

块茎、叶柄、花序均可食。但块茎有毒，不可生食。

浮萍 水萍草

Lemna minor

飘浮植物。叶状体对称，表面绿色，背面浅黄色或绿白色或常为紫色，近圆形、倒卵形或倒卵状椭圆形，全缘，腹面稍凸起或沿中线隆起，脉 3 条，不明显，背面垂生丝状根 1 条，根白色，根冠钝头，根鞘无翅。叶状体背面一侧具囊，新叶状体于囊内形成浮出，以极短的细柄与母体相连，随后脱落。雌花具弯生胚珠 1。果实无翅，近陀螺状。种子具凸出的胚乳，并具 12～15 条纵肋。花期 5～9 月。

生于海拔 800～1000m 的水田、池沼。分布于全国各地。

叶状体蛋白质含量高。叶可食用，是常用的饲料，也是常用的中草药，晒干浓煎可作药用。

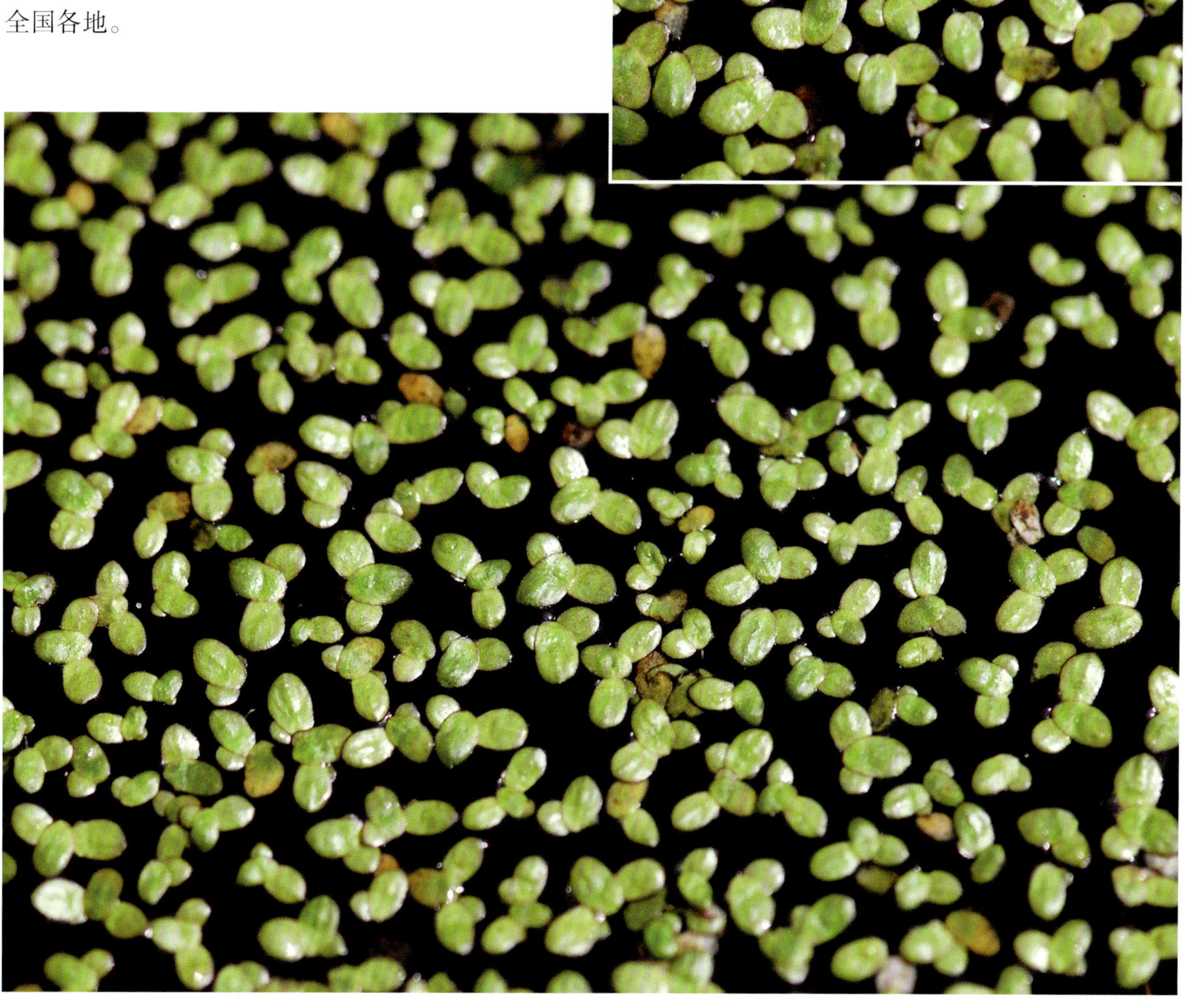

泽泻科 Alismataceae

野慈姑 慈姑、剪刀草
Sagittaria trifolia

多年生水生或沼生草本。挺水叶箭形，叶片长短、宽窄变异很大，通常顶裂片短于侧裂片；叶柄基部鞘状，边缘膜质。花葶直立，挺水，高20～70cm或更高，通常粗壮；花序总状或圆锥状，具分枝1～2，具花多轮，每轮2～3花；苞片3，基部多少合生，先端尖；花单性；花被片反折，外轮花被片椭圆形或广卵形，内轮花被片白色或淡黄色；雌花通常1～3轮；雄花多轮；雄蕊多数，花药黄色，通常外轮短，向里渐长。瘦果两侧压扁，具翅。种子褐色。花果期5～11月。

生于海拔300～500m的池塘、沼泽、沟渠、水田等地。分布于安徽、北京、福建、甘肃、广东、广西、贵州、海南、河南、湖北、江苏、辽宁、青海、陕西、山东、四川、新疆、云南、浙江。

球茎可食用。全草可药用，具有清热解毒的功效。

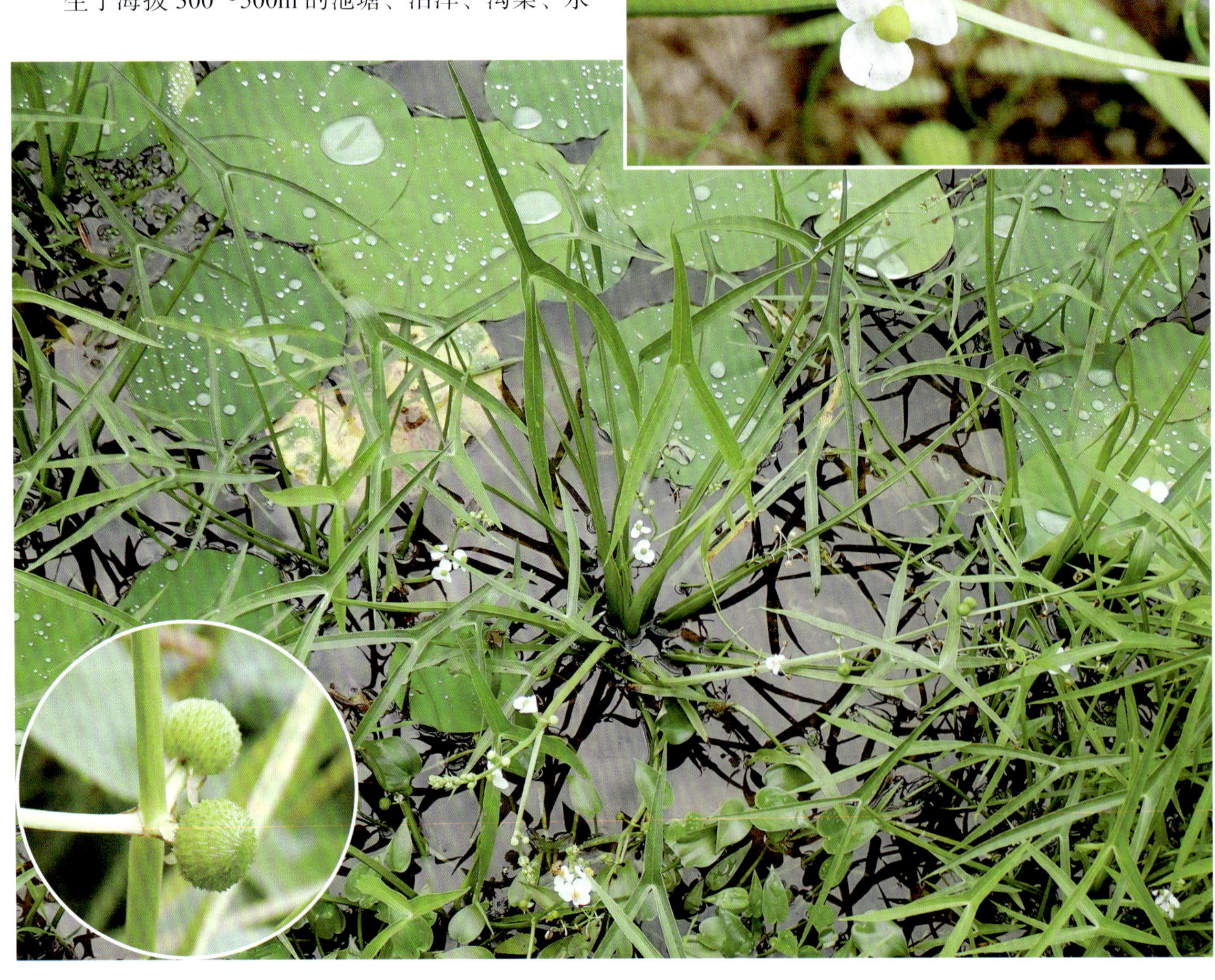

眼子菜科 Potamogetonaceae

眼子菜
Potamogeton distinctus

多年生水生草本。根茎发达，白色，多分枝，常于顶端形成纺锤状休眠芽体，并在节处生有稍密的须根。浮水叶革质，披针形、宽披针形至卵状披针形，先端尖或钝圆，基部钝圆或有时近楔形；沉水叶披针形至狭披针形，草质，具柄，常早落；托叶膜质，顶端尖锐，呈鞘状抱茎。穗状花序顶生，具花多轮，开花时伸出水面，花后沉没水中；花序梗稍膨大，粗于茎，花时直立，花后自基部弯曲；花小；被片4，绿色；雌蕊2（稀为1或3）。果实宽倒卵形，背部明显3脊。花果期5～10月。

生于海拔300～500m的池塘、水田、沟渠。分布于福建、甘肃、广东、贵州、河北、黑龙江、河南、湖北、湖南、江苏、江西、吉林、辽宁、内蒙古、青海、陕西、山东、山西、四川、台湾、新疆、西藏、云南、浙江。

全草可食用和药用，具有清热解毒的功效。

薯蓣科 Dioscoreaceae

黄独 黄药

Dioscorea bulbifera

缠绕草质藤本。块茎卵圆形或梨形，通常单生，每年由去年的块茎顶端抽出，很少分枝，外皮棕黑色，表面密生须根；茎左旋，浅绿色稍带红紫色，光滑无毛。珠芽生叶腋内，紫棕色，球形或卵圆形。单叶互生；叶片宽卵状心形或卵状心形，边缘全缘或微波状。雄花序穗状，下垂，常数个丛生于叶腋，有时分枝呈圆锥状；雄花单生，密集，基部有卵形苞片 2；花被片披针形，新鲜时紫色；雄蕊 6，着生于花被基部；雌花序与雄花序相似，常 2 至数个丛生叶腋；退化雄蕊 6。蒴果反折下垂，三棱状长圆形，成熟时草黄色，表面密被紫色小斑点。种子深褐色，扁卵形，种翅栗褐色。花果期 7～11 月。

生于海拔 400～1000m 的河谷边、山谷阴沟或杂木林边缘。分布于安徽、福建、甘肃、广东、广西、贵州、河南、湖北、湖南、江苏、江西、陕西、四川、台湾、西藏、云南、浙江。

块茎可食用，切片可药用。但块茎有毒，误食或服用过量均可引起中毒，食用前需经加工处理。

薯莨
Dioscorea cirrhosa

缠绕草质藤本，长可达20m左右。块茎一般生长在表土层，断面新鲜时红色，干后紫黑色；茎绿色，无毛，右旋，有分枝，下部有刺。单叶，在茎下部的互生，中部以上的对生；叶片革质或近革质，长椭圆状卵形至卵圆形或为卵状披针形至狭披针形，顶端渐尖或骤尖，基部圆形，有时呈三角状缺刻，全缘。雌雄异株；雄花序为穗状花序，通常排列成圆锥花序；雄花的外轮花被片为宽卵形或卵圆形，内轮倒卵形；雄蕊6；雌花序为穗状花序，单生于叶腋。蒴果不反折，近三棱状扁圆形。种子着生于每室中轴中部，四周有膜质翅。花期4～6月，果期7月至翌年1月。

生于海拔350～1000m的山坡、路旁、河谷边的杂木林中、阔叶林中、灌丛中或林边。分布于福建、广东、广西、贵州、湖南、江西、四川、台湾、西藏、云南、浙江。

块茎可食用和药用。

日本薯蓣 千担苕、千斤拔

Dioscorea japonica

缠绕草质藤本。块茎长圆柱形，垂直生长。单叶，在茎下部的互生，中部以上的对生；叶片纸质，变异大，通常为三角状披针形，长椭圆状狭三角形至长卵形，有时茎上部的为线状披针形至披针形，下部的为宽卵心形，基部心形至箭形或戟形，有时近截形或圆形，全缘，两面无毛；叶腋内有各种大小形状不等的珠芽。雌雄异株；雄花序为穗状花序，单至数个着生于叶腋；雄花绿白色或淡黄色，花被片有紫色斑纹；雄蕊 6；雌花序为穗状花序，1～3 个着生于叶腋；雌花的花被片为卵形或宽卵形，6 个退化雄蕊与花被片对生。蒴果不反折，三棱状扁圆形或三棱状圆形。种子四周有膜质翅。花果期 5～11 月。

生于海拔 350～1100m 的向阳山坡、山谷、溪沟边、路旁的杂木林下或草丛中。分布于安徽、福建、广东、广西、贵州、湖北、湖南、江苏、江西、四川、台湾、浙江。

块茎可食用和药用，具有补脾健胃的功效。

穿龙薯蓣

Dioscorea nipponica

缠绕草质藤本。根状茎横生，圆柱形，多分枝，栓皮层显著剥离。茎左旋，近无毛，长达5m。单叶互生；叶片掌状心形，变化较大，茎基部叶边缘作不等大的三角状分裂。花雌雄异株；雄花序为腋生的穗状花序，花序基部常由2～4朵集成小伞状，至花序顶端常为单花；苞片披针形；花被碟形，6裂；雄蕊6，着生于花被裂片的中央，花药内向；雌花序穗状，单生；雌花具有退化雄蕊，有时雄蕊退化仅留有花丝；雌蕊柱头3裂，裂片再2裂。蒴果成熟后枯黄色，三棱形，顶端凹入，基部近圆形，每棱翅状。种子每室2粒，有时仅1粒发育，着生于中轴基部，四周有不等的薄膜状翅。花果期6～10月。

生于海拔300～1000m的河谷两侧山坡灌木丛中和稀疏杂木林内及林缘。分布于安徽、甘肃、贵州、河南、江西、宁夏、青海、陕西、四川、浙江。

根状茎可食用，晒干煎剂可作药用。但根状茎有小毒，食用时注意。

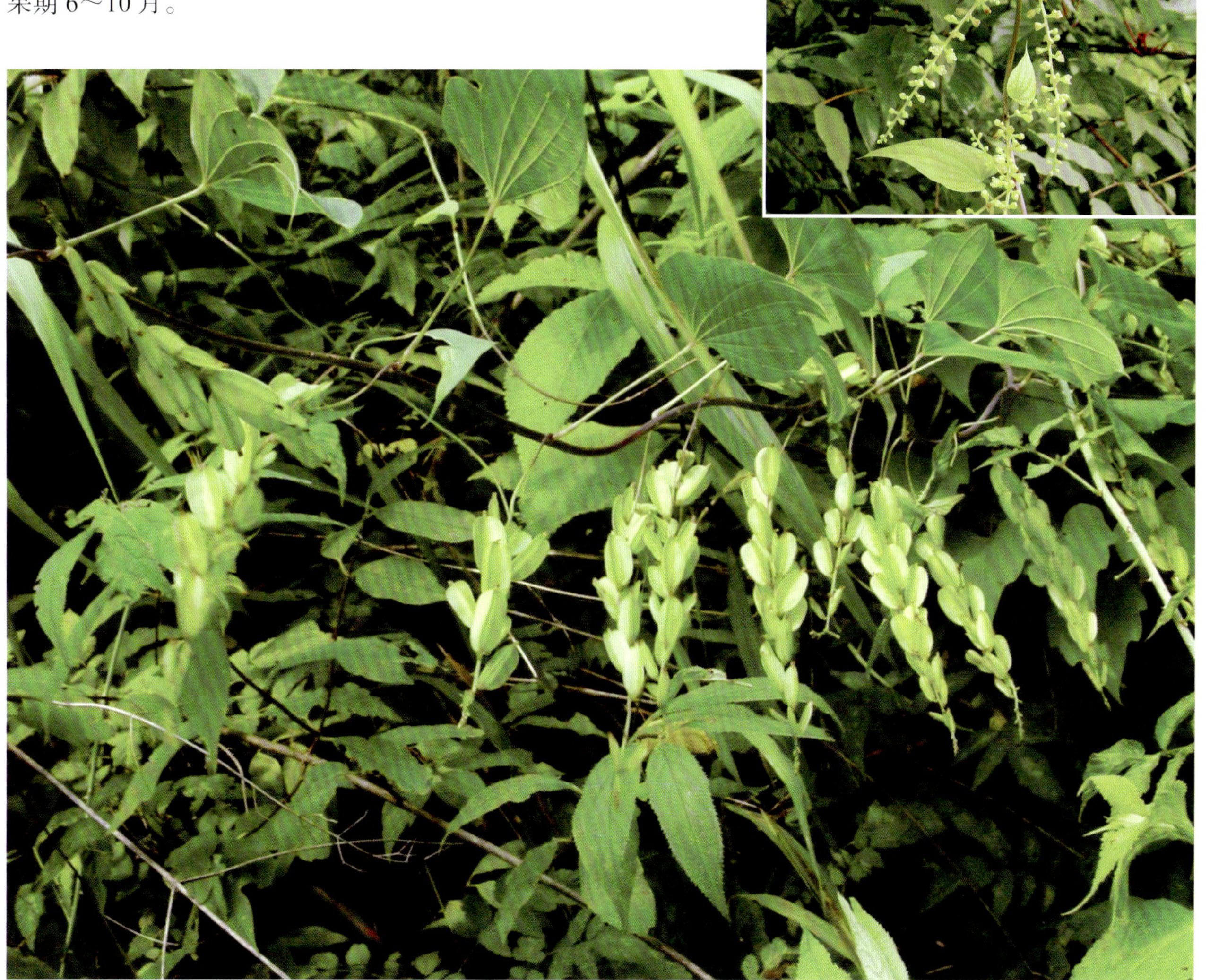

薯蓣　淮山、面山药

Dioscorea polystachya

缠绕草质藤本。块茎长圆柱形，垂直生长，长可达1m多。单叶，在茎下部的互生，中部以上的对生，很少3叶轮生；叶片变异大，卵状三角形至宽卵形或戟形，边缘常3浅裂至3深裂，侧裂片耳状，圆形；近方形至长圆形；叶腋内常有珠芽。雌雄异株；雄花序为穗状花序，2～8个着生于叶腋；花序轴明显地呈"之"字状曲折；苞片和花被片有紫褐色斑点；雄花的外轮花被片比内轮大；雄蕊6；雌花序为穗状花序，1～3个着生于叶腋。蒴果不反折，三棱状扁圆形或三棱状圆形，外面有白粉。种子着生于每室中轴中部，有膜质翅。花果期6～11月。

生于海拔400～1000m的山坡、山谷林下、溪边、路旁的灌丛中或杂草中。分布于安徽、福建、甘肃、广东、广西、贵州、河北、湖北、湖南、河南、江苏、江西、吉林、辽宁、陕西、山东、四川、台湾、云南、浙江。

块茎肥厚多汁，含丰富的蛋白质，可生食。

菝葜科 Smilacaceae

菝葜

Smilax china

攀援藤本。茎长 1～3m，少数可达 5m，疏生刺。叶薄革质或坚纸质，干后通常红褐色或近古铜色，圆形、卵形或其他形状，背面通常淡绿色，较少苍白色；叶柄具鞘，几乎都有卷须，少有例外，脱落点位于靠近卷须处。伞形花序生于叶尚幼嫩的小枝上，具十几朵或更多的花，常呈球形；花序托稍膨大，近球形，较少稍延长，具小苞片；花绿黄色；雄花中花药比花丝稍宽，常弯曲；雌花与雄花大小相似，有 6 枚退化雄蕊。浆果熟时红色，有粉霜。花果期 2～11 月。

生于海拔 1000m 以下的林下、灌丛中、路旁、河谷或山坡上。分布于安徽、福建、广东、广西、贵州、河南、湖北、湖南、江苏、江西、辽宁、山东、四川、台湾、云南、浙江。

浆果可食用；幼苗可作野菜炒食。

百合科 Liliaceae

薤白　小根蒜、密花小根蒜
Allium macrostemon

多年生草本，高 30～70cm。鳞茎近球状，外皮纸质或膜质。叶 3～5，半圆柱状或三棱状半圆柱形，中空，腹面具沟槽。花葶圆柱状，下部被叶鞘；总苞 2 裂；伞形花序半球状至球状，具多而密集的花，或间具珠芽或有时全为珠芽；花淡紫色或淡红色；花被片矩圆状卵形至矩圆状披针形，内轮的常较狭；花丝等长，在基部合生并与花被片贴生，分离部分的基部呈狭三角形扩大；子房近球状，腹缝线基部具有帘的凹陷蜜穴，花柱伸出花被外。花果期 5～7 月。

生于海拔 1100m 以下的山坡、丘陵、山谷或草地上。除新疆、青海外，全国各地均有分布。

全草可食用和药用，具有理气、宽胸、通阳、散结的功效。

天门冬 三百棒、丝冬、老虎尾巴根

Asparagus cochinchinensis

多年生缠绕草本，长达1～2m。根在中部或近末端成纺锤状膨大。茎平滑，常弯曲或扭曲，分枝具棱或狭翅。叶状枝通常每3枚成簇，扁平或由于中脉龙骨状而略呈锐三棱形，稍镰刀状。茎上的鳞片状叶基部延伸为硬刺，在分枝上的刺较短或不明显。花通常每2朵腋生，淡绿色；雄花花丝不贴生于花被片上；雌花大小和雄花相似。浆果熟时红色，有1粒种子。花果期5～10月。

生于海拔1150m以下的山坡、路旁、疏林下、山谷或荒地上。分布于安徽、福建、甘肃、广东、广西、贵州、海南、河北、河南、湖北、湖南、江苏、江西、陕西、山东、山西、四川、西藏、云南、台湾、浙江。

块根可食用和药用。

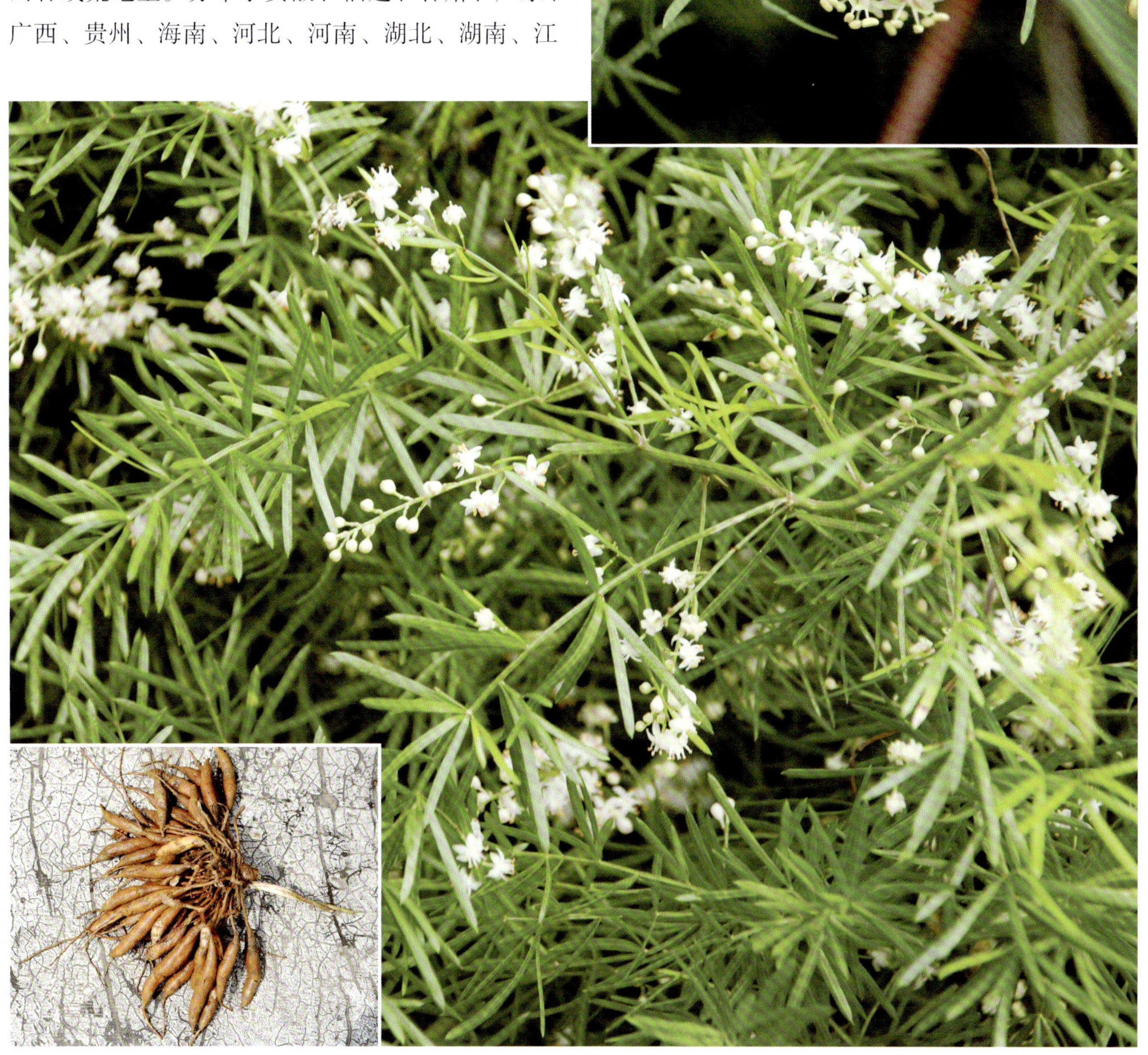

大百合
Cardiocrinum giganteum

多年生草本。茎直立，中空，高1～2m，无毛；小鳞茎卵形，干时淡褐色。叶纸质，网状脉。总状花序有花10～16朵，无苞片；花狭喇叭形，白色，里面具淡紫红色条纹；花被片条状倒披针形；雄蕊长约为花被片的1/2，花丝向下渐扩大，扁平；子房圆柱形，柱头膨大，微3裂。蒴果近球形，顶端有1小尖突，基部有粗短果柄，红褐色，具6钝棱和多数细横纹，3瓣裂。种子呈扁钝三角形，红棕色，周围具淡红棕色半透明的膜质翅。花果期6～10月。

生于海拔800～1000m的林下、山坡。分布于甘肃、广东、广西、贵州、河南、湖北、湖南、陕西、四川、西藏、云南。

鳞茎可食用和药用。

萱草 忘萱草

Hemerocallis fulva

多年生草本，高 40～150cm，冬天落叶。根近肉质，中下部有纺锤状膨大。叶线形，一般较宽，先端锐尖。花葶直立，中空；花早上开晚上凋谢，无香味，橘黄色；花被管较粗短，长 2～3cm；内花被裂片宽 2～3cm。花果期 6～11 月。

生于海拔 300～1000m 的林下、灌丛、草地或河岸。分布于安徽、福建、广东、广西、贵州、河北、河南、湖北、湖南、江苏、江西、陕西、山东、四川、台湾、西藏、云南、浙江。

短根状茎和粗壮的纺锤形肉质根可食用。花及根部有毒。

麦冬 沿阶草

Ophiopogon japonicus

多年生草本。根较粗，中间或近末端常膨大成椭圆形或纺锤形的小块根。叶基生成丛，禾叶状，具3～7条脉，边缘具细锯齿。花葶长6～27cm，通常比叶短得多；总状花序具几朵至十几朵花；花单生或成对着生于苞片腋内；苞片披针形，先端渐尖；花被片常稍下垂而不展开，披针形，白色或淡紫色；花药三角状披针形；花柱较粗，基部宽阔，向上渐狭。种子球形。花果期5～9月。

生于海拔1000m以下的山坡阴湿处、林下或溪旁。分布于安徽、福建、广东、广西、贵州、河北、河南、湖北、湖南、江苏、江西、陕西、山东、四川、台湾、云南、浙江。

根块可食。全株可用药，具有止咳润肺的功效。

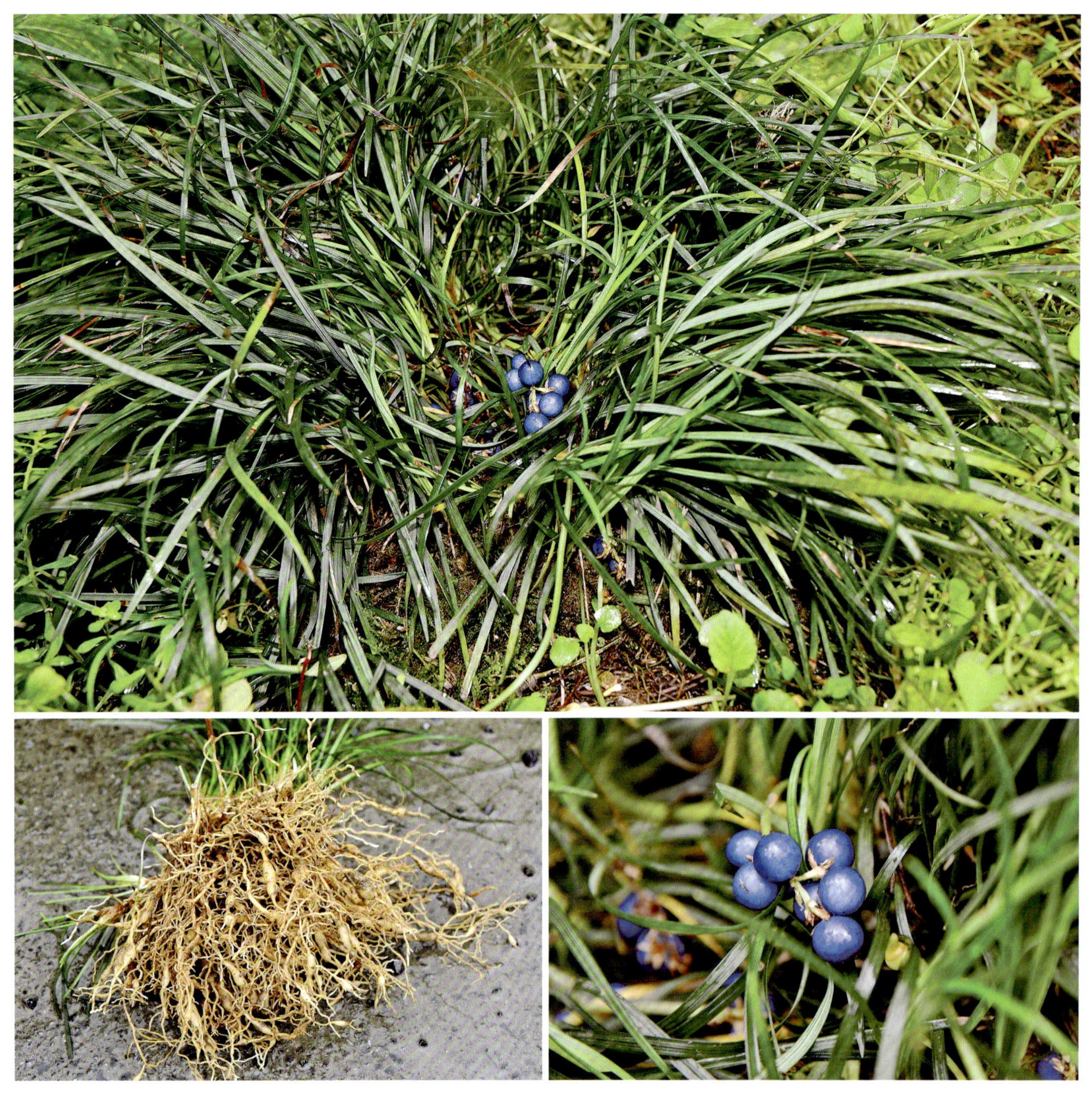

多花黄精
Polygonatum cyrtonema

多年生草本，高50～100cm。根状茎肥厚，通常连珠状或结节成块，少有近圆柱形。叶通常10～15，互生，椭圆形、卵状披针形至矩圆状披针形，少有稍作镰状弯曲，长10～18cm，宽2～7cm，先端尖至渐尖。花序具2～14朵花，伞形；苞片微小，位于花梗中部以下，或不存在；花被黄绿色；花丝两侧扁或稍扁，具乳头状突起至具短绵毛，顶端稍膨大乃至具囊状突起。浆果黑色，具3～9粒种子。花果期5～10月。

生于海拔500～1100m的林下、灌丛或山坡阴处。分布于四川、贵州、湖南、湖北、河南、江西、安徽、江苏、浙江、福建、广东、广西。

根状茎肥厚，可食用和药用，具有补气、养阴、润肺的功效。

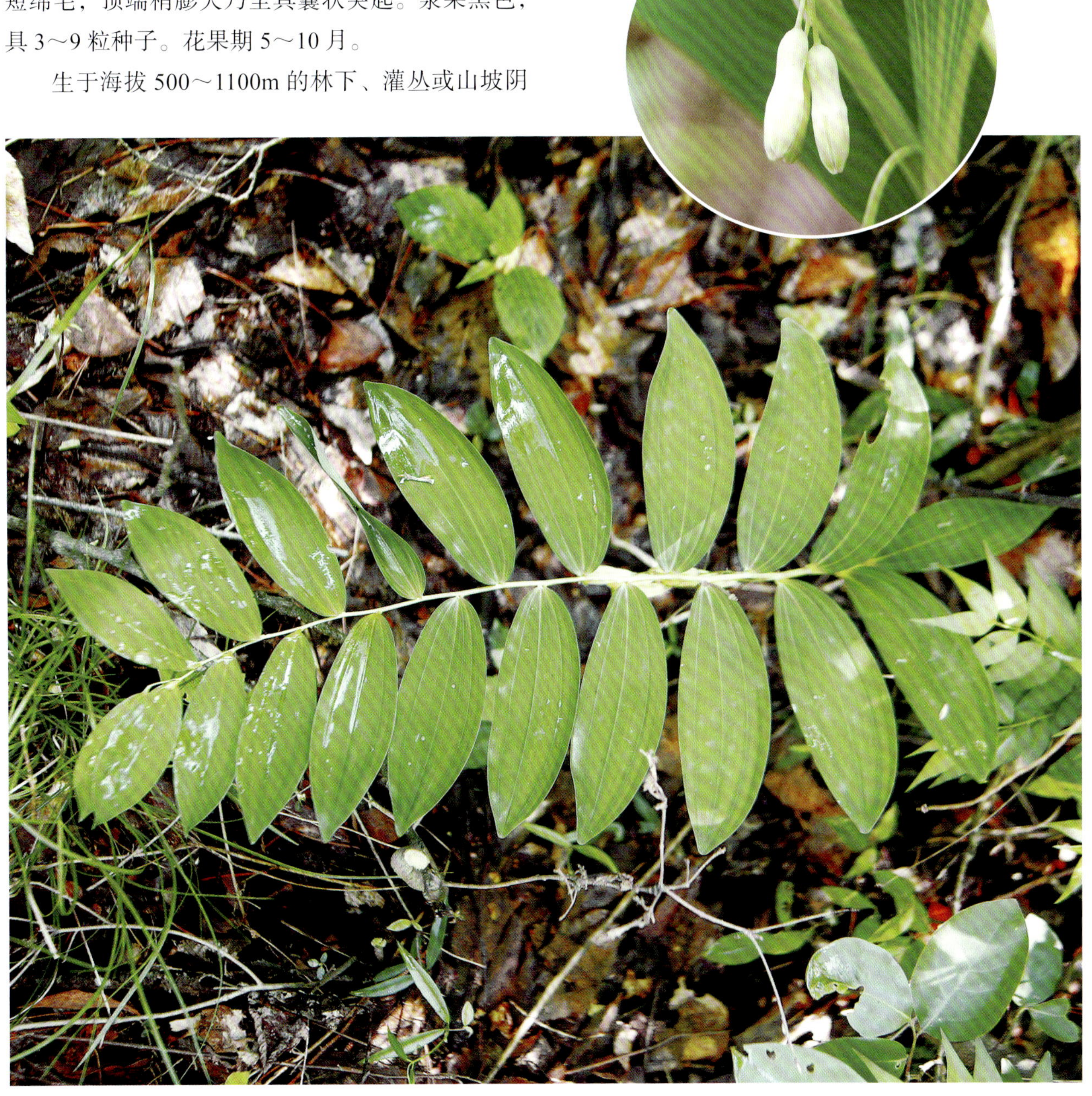

棕榈科 Arecaceae

棕榈　棕树

Trachycarpus fortunei

乔木状，高 3～10m 或更高。树干圆柱形，被不易脱落的老叶柄基部和密集的网状纤维，除非人工剥除，否则不能自行脱落，裸露树干直径 10～15cm 甚至更粗。叶片呈 3/4 圆形或者近圆形，深裂成 30～50 片具皱褶的线状剑形，裂片先端具短 2 裂或 2 齿，硬挺甚至顶端下垂；叶柄两侧具细圆齿，顶端有明显的戟突。花序粗壮，多次分枝，从叶腋抽出，通常是雌雄异株；雄花序具有 2～3 个分枝花序；雄花无梗，每 2～3 朵密集着生于小穗轴上，也有单生的，黄绿色，卵球形；雌花序具 4～5 个圆锥状的分枝花序；雌花淡绿色，通常 2～3 朵聚生；花无梗。果实阔肾形，成熟时由黄色变为淡蓝色。花果期 4～12 月。

生于海拔 1000m 以下的疏林和村落中。长江以南各地均有分布。

果实、未开放的花苞（又称棕鱼）可供食用。花、根等亦可药用。

鸭跖草科 Commelinaceae

饭包草
Commelina benghalensis

多年生披散草本。茎大部分匍匐，节上生根，上部及分枝上部上升，长可达 70cm，被疏柔毛。叶有明显的叶柄；叶片卵形，顶端钝或急尖，近无毛；叶鞘口有疏而长的睫毛。总苞片漏斗状，与叶对生，常数个集于枝顶，下部边缘合生，被疏毛；花序下面的一枝具细长梗，具 1～3 朵不孕的花，伸出佛焰苞，上面的一枝有花数朵，结实，不伸出佛焰苞；萼片膜质，披针形，无毛；花瓣蓝色，圆形，内面 2 枚具长爪。蒴果椭圆状 3 室，腹面 2 室每室具 2 粒种子，开裂，后面一室仅有 1 粒种子，或无种子，不裂。种子多皱并有不规则网纹，黑色。花期夏秋季。

生于海拔 1000m 以下的路边和林下潮湿地。分布于安徽、福建、广东、广西、贵州、海南、河北、河南、湖北、湖南、江苏、江西、陕西、山东、四川、台湾、云南、浙江。

茎叶可食用和药用，具有清热解毒的功效。

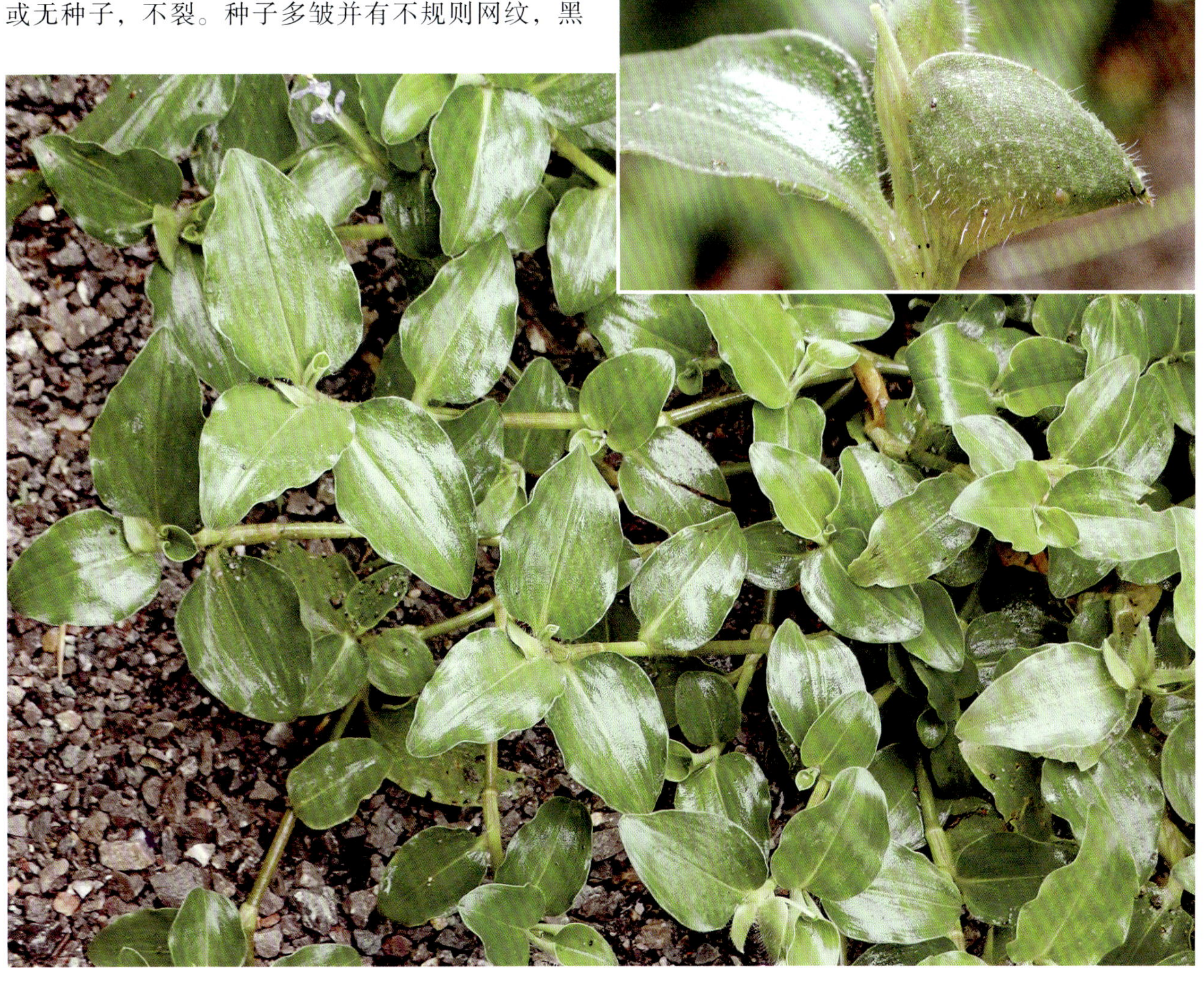

鸭跖草
Commelina communis

一年生草本，长可达1m。茎匍匐生根，多分枝，下部无毛，上部被短毛。叶披针形至卵状披针形。总苞片佛焰苞状，有柄，与叶对生，折叠状，展开后为心形，顶端短急尖，基部心形，边缘常有硬毛；聚伞花序，下面一枝仅有花1朵，具梗，不孕；上面一枝具花3～4朵，具短梗，几乎不伸出佛焰苞；花梗果期弯曲；萼片膜质，内面2枚常靠近或合生；花瓣深蓝色，内面2枚具爪。蒴果椭圆形，2室，2瓣裂，有种子4粒。种子棕黄色，一端平截。花果期5～10月。

生于低海拔的湿地、路边。分布于除青海、新疆、西藏以外的全国各地。

茎叶可食用和药用，具有清热解毒、利尿的功效。

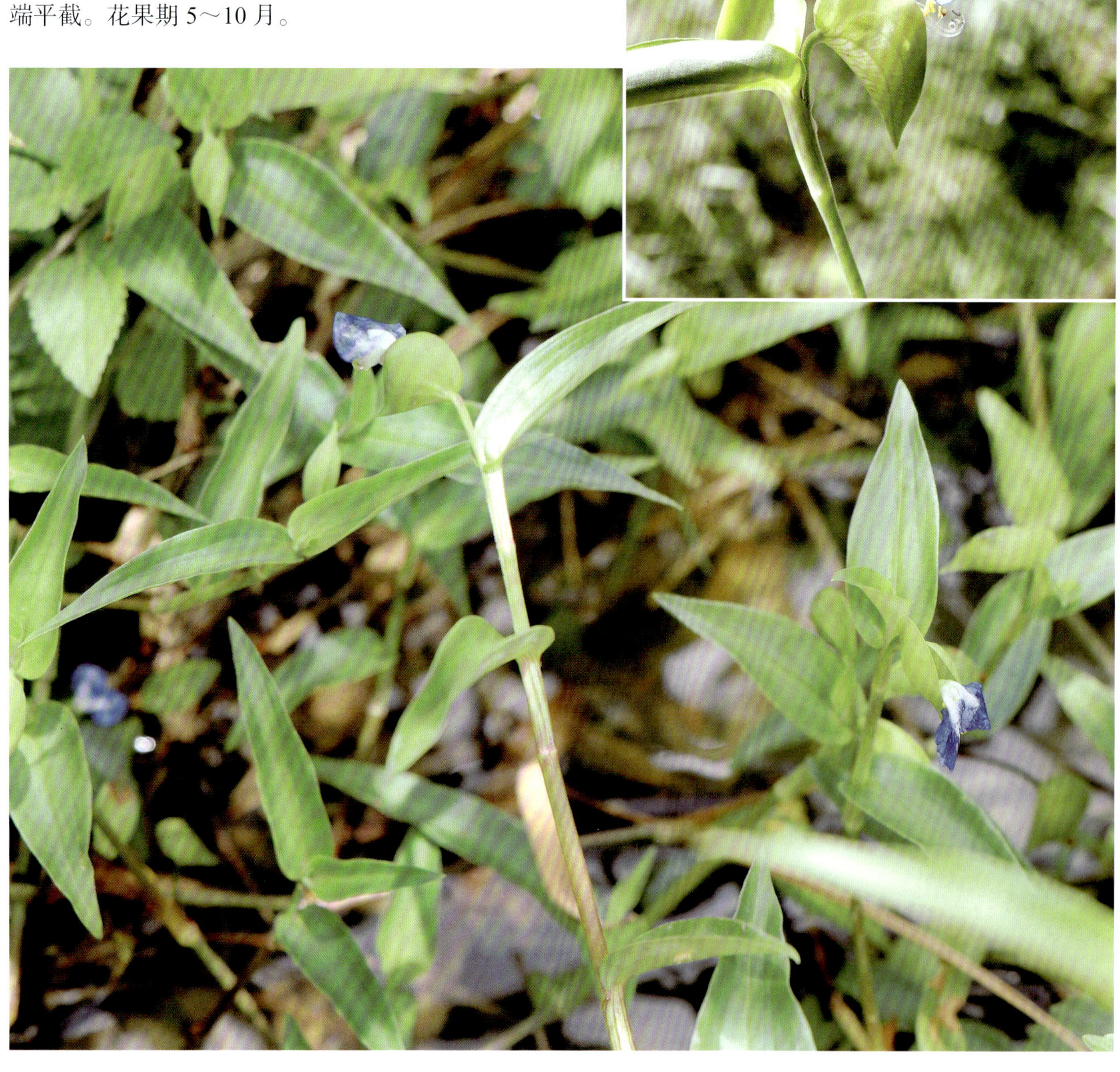

竹叶子
Streptolirion volubile

多年生攀援草本，极少茎近于直立。茎长0.5～6m，常无毛。叶片心状圆形，有时心状卵形，顶端常尾尖，基部深心形，腹面多少被柔毛。蝎尾状聚伞花序有花1至数朵，集成圆锥状；圆锥花序下面的总苞片叶状，上部的小而卵状披针形；花无梗；萼片顶端急尖；花瓣白色、淡紫色而后变白色，线形，略比萼长。蒴果顶端有长达3mm的芒状突尖。种子褐灰色。花果期7～10月。

生于海拔1000m以下的山地林下或田边。分布于甘肃、广西、贵州、河北、河南、湖北、湖南、辽宁、陕西、山西、四川、西藏、云南、浙江。

茎叶可食用和药用，具有清热解毒的功效。

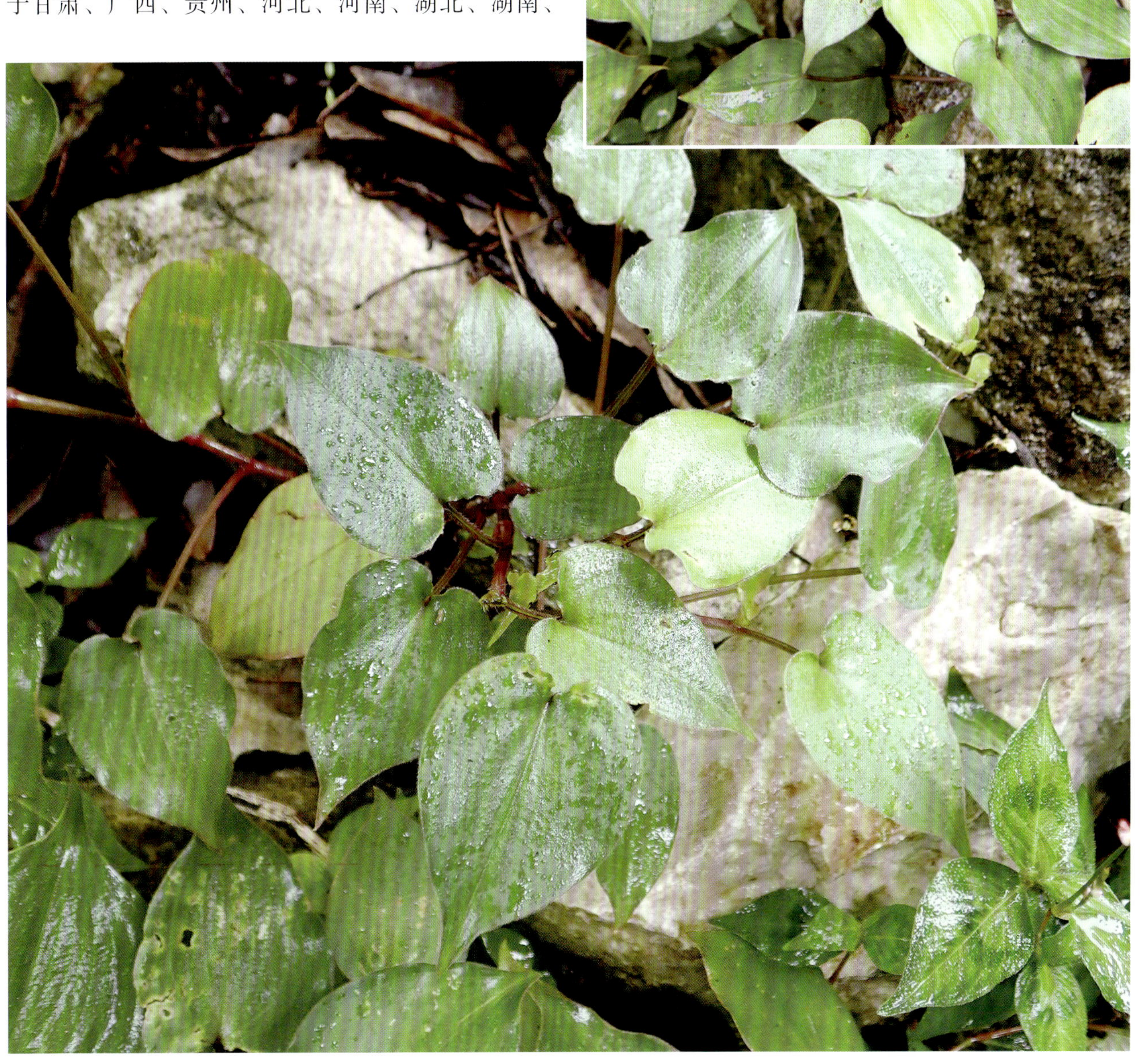

雨久花科 Pontederiaceae

凤眼蓝　水浮莲、水葫芦
Eichhornia crassipes

浮水草本，高30～60cm。茎极短，具长匍匐枝，匍匐枝淡绿色或带紫色，与母株分离后长成新植物。叶在基部丛生，莲座状排列，一般5～10片；叶片圆形，宽卵形或宽菱形，全缘；叶柄基部有鞘状苞片，薄而半透明。花葶从叶柄基部的鞘状苞片腋内伸出，多棱；穗状花序通常具9～12朵花；花被裂片6，花瓣状，卵形、长圆形或倒卵形，紫蓝色，花被片基部合生成筒；雄蕊6，贴生于花被筒上，3长3短，花药箭形，基着，蓝灰色，2室，纵裂；花粉粒长卵圆形，黄色；子房上位，3室，花柱1，密生腺毛。蒴果卵形。花果期7～11月。

生于海拔200～1000m的水塘、沟渠及稻田中。分布于安徽、福建、广东、广西、贵州、海南、河北、河南、湖北、湖南、江苏、江西、陕西、山东、四川、云南、台湾、浙江。

嫩叶及叶柄可作蔬菜；全草为家畜、家禽饲料。全株可药用，具有清热解毒的功效。

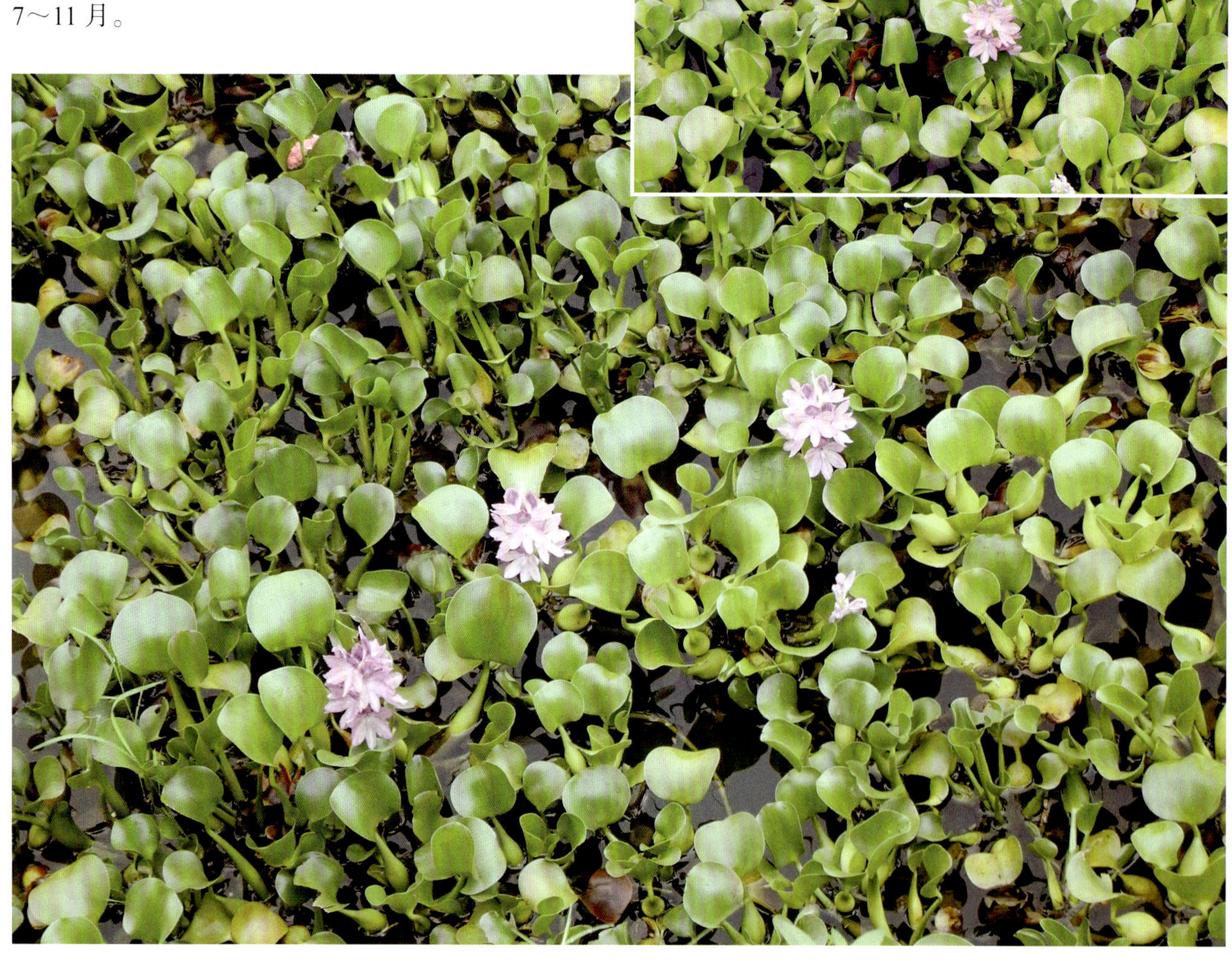

箭叶雨久花
Monochoria hastata

多年生水生草本，高 50～125cm。基生叶三角状卵形或三角形，顶端渐尖，基部箭形或戟形，稀为心形，纸质，全缘，基部边缘两角扩展，具弧状脉；叶柄下部成开裂叶鞘，鞘顶端常有 1 长形舌状体。总状花序腋生，有 10～40 朵花；花被片卵形，淡蓝色，膜质，有 1 绿色中脉及红色斑点；雄蕊 6，其中大的 1 枚花药蓝色，其余的花药黄色；子房表面具白色小点，花柱顶端被毛。蒴果长圆形。种子多数，细小，长圆形，棕褐色，有纵棱，棱间具横条纹。花期 8 月至翌年 3 月。

生于海拔 400～700m 的水塘、沟边、稻田等湿地。分布于广东、贵州、海南、云南。

嫩叶及叶柄可作蔬菜。

鸭舌草
Monochoria vaginalis

水生草本。茎直立或斜上，高 6～50cm，全株光滑无毛。叶基生和茎生；叶片形状和大小变化较大，由心状宽卵形、长卵形至披针形，顶端短突尖或渐尖，基部圆形或浅心形，全缘，具弧状脉；叶柄基部扩大成开裂的鞘，顶端有舌状体。总状花序从叶柄中部抽出，该处叶柄扩大成鞘状；花通常 3～5 朵（稀有 10 余朵），蓝色；花被片卵状披针形或长圆形。蒴果卵形至长圆形。种子多数，椭圆形，具 8～12 条纵条纹。花果期 8～10 月。

生于海拔 1000m 以下的稻田、沟旁、浅水池塘等处。全国各地均有分布。

嫩茎叶可食。全草药用，鲜用或者晒干，可清热解毒。

芭蕉科 Musaceae

芭蕉 甘蕉、天苴、板蕉、牙蕉、芭苴
Musa basjoo

多年生草本，高2.5～4m。叶片长圆形，长2～3m，宽25～30cm，先端钝，基部圆形或不对称，叶面鲜绿色，有光泽；叶柄粗壮，长达30cm。花序顶生，下垂；苞片红褐色或紫色；雄花生于花序上部，雌花生于花序下部；雌花在每一苞片内有10～16朵，排成2列；合生花被片具5（3+2）齿裂，离生花被片几与合生花被片等长，顶端具小尖头。浆果三棱状，长圆形，具3～5棱，近无柄，肉质，内具多数种子。种子黑色，具疣突及不规则棱角。

生于农舍附近或山谷林下。分布于福建、广东、广西、贵州、湖北、湖南、江苏、江西、四川、云南、浙江。

芭蕉果肉、花、假茎、叶均可食，可补充糖、维生素、多种矿物质。

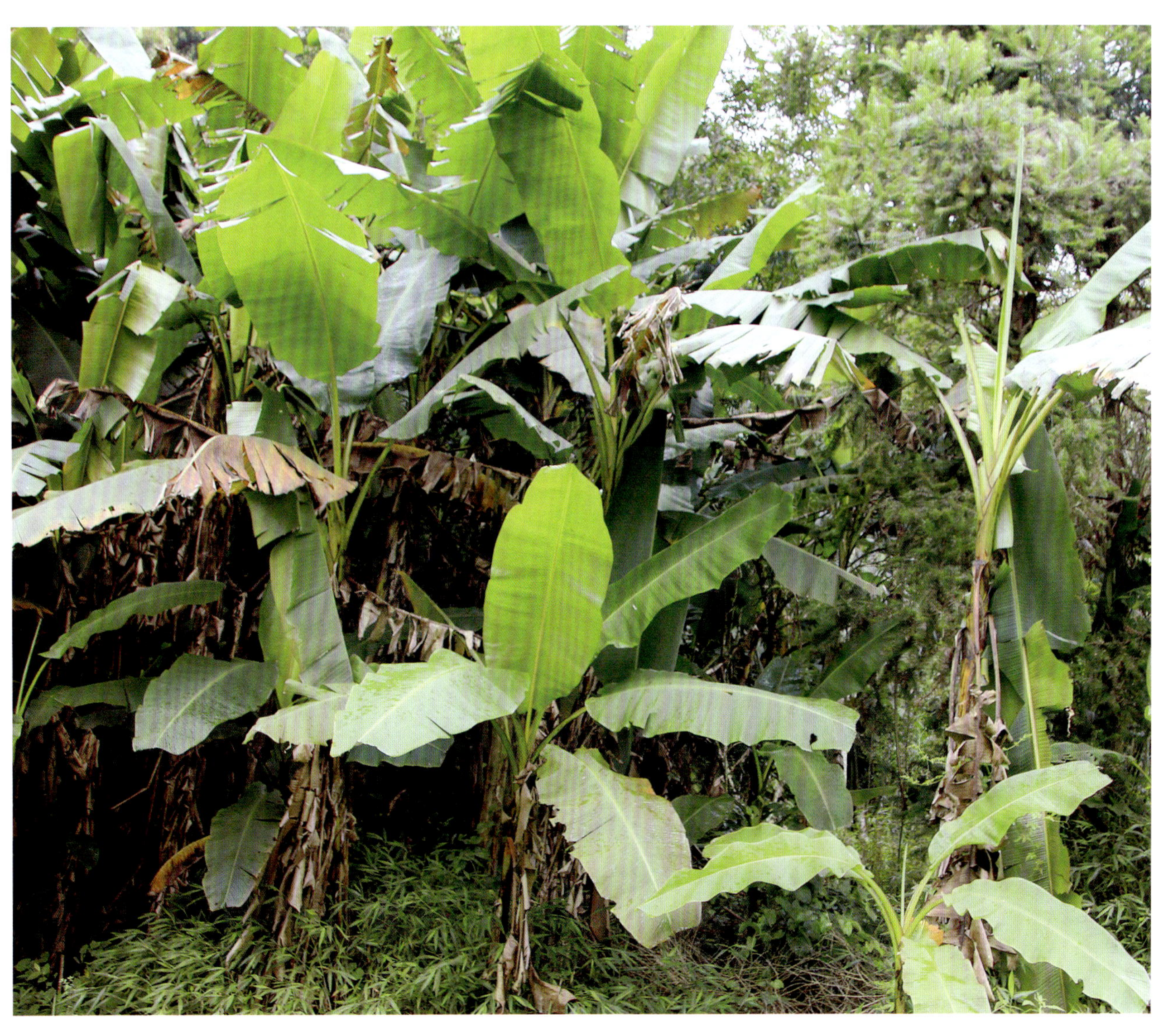

美人蕉科 Cannaceae

美人蕉
Canna indica

植株全部绿色，高可达 1.5m。叶片卵状长圆形。总状花序疏花；略超出于叶片之上；花红色，单生；苞片卵形，绿色，长约 1.2cm；萼片 3，披针形，绿色而有时染红；花冠管长不及 1cm；花冠裂片披针形，长 3～3.5cm，绿色或红色；外轮退化雄蕊 2～3，鲜红色，其中 2 枚倒披针形，另一枚如存在则特别小；唇瓣披针形，弯曲；花柱扁平，长 3cm，一半和发育雄蕊的花丝连合。蒴果绿色，长卵形，有软刺。花果期 3～12 月。

茂兰有栽培，偶有逸生；全国栽培为主。

块茎可食用。

姜科 Zingiberaceae

山姜 九姜连、九龙盘、鸡爪莲、九节莲
Alpinia japonica

多年生草本，株高35～70cm。叶片通常2～5片，披针形、倒披针形或狭长椭圆形，两端渐尖，顶端具小尖头。总状花序顶生；花序轴密生绒毛；总苞片披针形，开花时脱落；小苞片极小，早落；花通常2朵聚生，在两朵花之间常有退化的小花残迹可见；花萼棒状，被短柔毛，顶端3齿裂；唇瓣卵形，白色而具红色脉纹，顶端2裂，边缘具不整齐缺刻。果球形或椭圆形，熟时橙红色，顶有宿存的萼筒。种子多角形，有樟脑味。花果期4～12月。

生于海拔400～1000m林下阴湿处。分布于福建、广东、广西、贵州、江苏、江西、四川、台湾、云南、浙江。

茎叶可食用。果实可供药用。

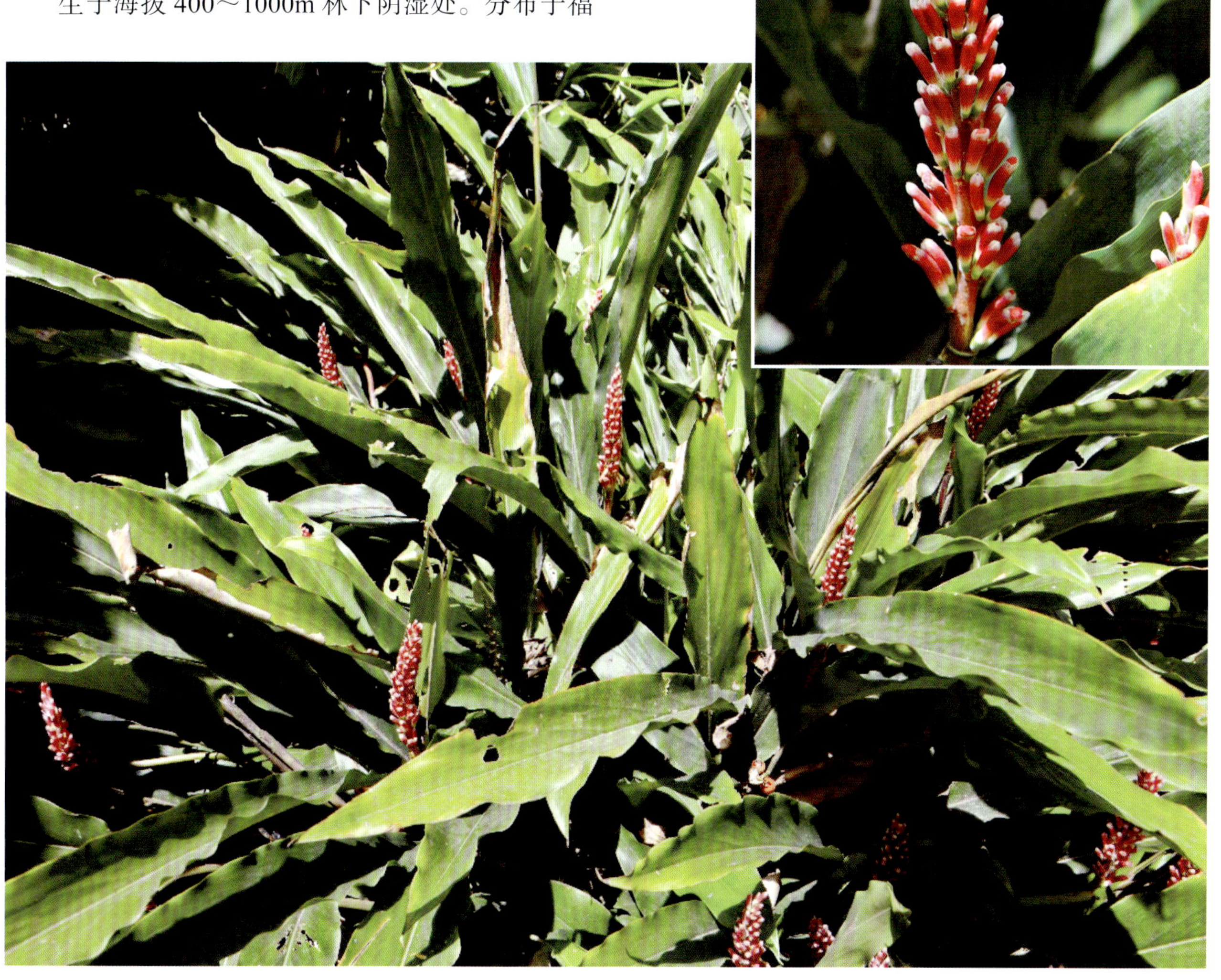

莪术
Curcuma phaeocaulis

多年生草本，株高约1m。根细长或末端膨大成块根。根茎圆柱形，肉质，具樟脑香味，淡黄色或白色。叶直立，椭圆状长圆形至长圆状披针形，中部常有紫斑，无毛；叶柄较叶片为长。花葶由根茎单独发出，常先叶而生，被疏松、细长的鳞片状鞘数枚；穗状花序阔椭圆形；苞片卵形至倒卵形，下部的绿色，顶端红色，上部的较长而紫色；花萼白色，顶端3裂；花冠管长2～2.5cm，裂片长圆形，黄色，不相等；侧生退化雄蕊比唇瓣小；唇瓣黄色，近倒卵形，顶端微缺；花药药隔基部具叉开的距；子房无毛。花期4～6月。

栽培或野生于林荫下。分布于福建、广东、广西、贵州、江西、四川、台湾、云南。

根茎可食用和药用。

阳荷

Zingiber striolatum

多年生草本，株高1～1.5m。根茎白色，微有芳香味。叶片披针形或椭圆状披针形，顶端具尾尖，基部渐狭，叶背被极疏柔毛至无毛；叶舌膜质，2裂，具褐色条纹。总花梗被2～3枚鳞片；花序近卵形；苞片红色，宽卵形或椭圆形，被疏柔毛；花萼膜质；花冠管白色，裂片长圆状披针形，白色或稍带黄色，有紫褐色条纹；唇瓣倒卵形，浅紫色。蒴果成熟时开裂成3瓣，内果皮红色。种子黑色，被白色假种皮。花果期7～12月。

生于海拔400～1100m的林荫下和溪边。分布于广东、广西、贵州、海南、湖北、湖南、江西、四川。

整株可食，嫩芽、花苞可凉拌或者炒食；根茎可煎炖。

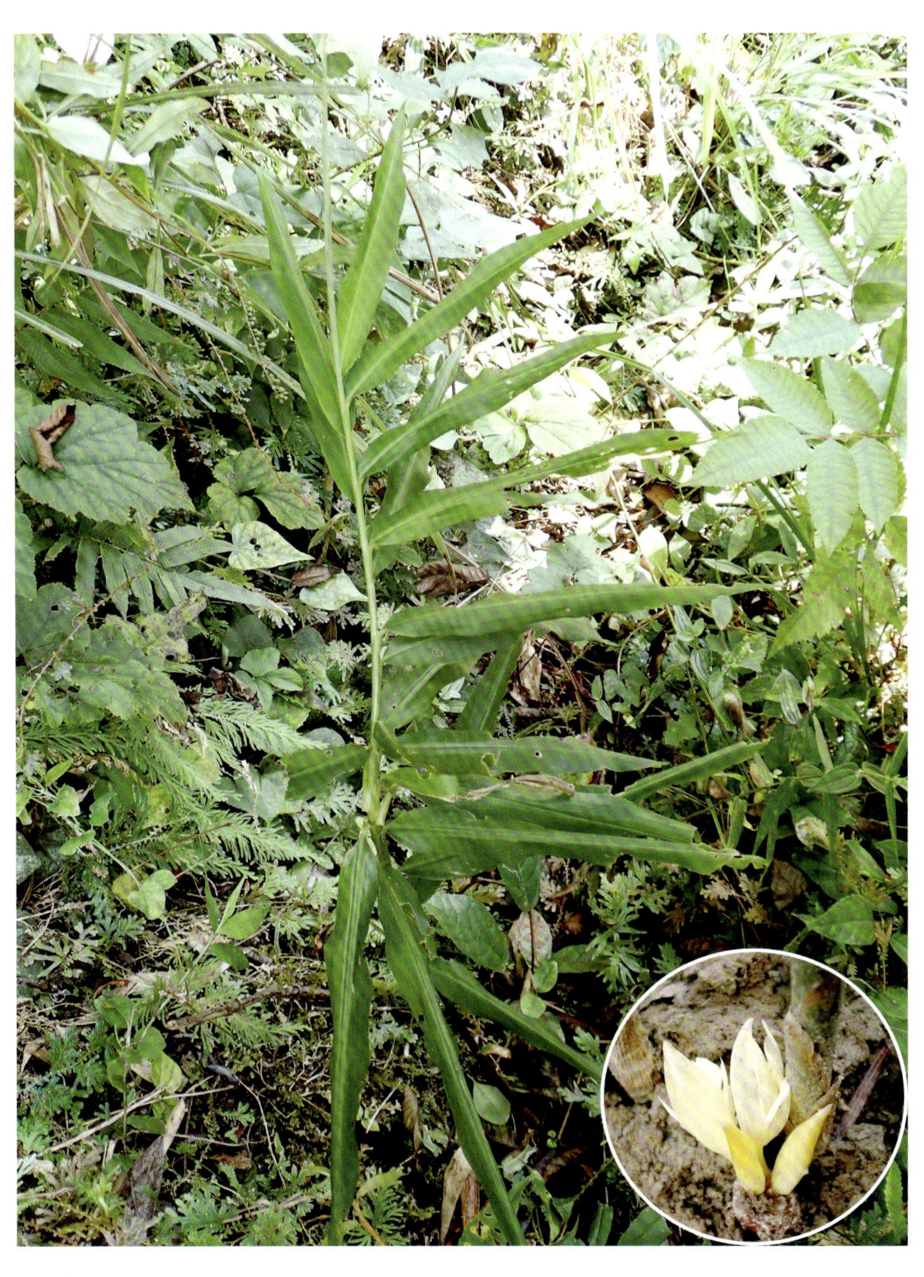

香蒲科 Typhaceae

水烛
Typha angustifolia

多年生水生或沼生草本。根状茎乳黄色、灰黄色，先端白色；地上茎直立，粗壮，高 1.5～3m。叶片长 54～120cm，宽 0.4～0.9cm，上部扁平，中部以下腹面微凹，背面向下逐渐隆起呈凸形，下部横切面呈半圆形，细胞间隙大，呈海绵状；叶鞘抱茎。雌雄花序相距 2.5～6.9cm；雄花序轴具褐色扁柔毛，单出，或分叉；叶状苞片 1～3，花后脱落；雌花序长 15～30cm，基部具 1 枚叶状苞片，通常比叶片宽，花后脱落。小坚果长椭圆形，长约 1.5mm，具褐色斑点，纵裂。种子深褐色，长 1～1.2mm。花果期 6～9 月。

生于海拔约 500m 的池塘浅水处。分布于安徽、甘肃、贵州、黑龙江、河南、湖北、江苏、吉林、辽宁、内蒙古、陕西、山东、台湾、新疆、云南。

假茎白嫩部分和地下匍匐茎尖端的幼嫩部分可以食用。

东方香蒲 香蒲
Typha orientalis

多年生水生或沼生草本。根状茎乳白色；地上茎粗壮，向上渐细，高1.3～2m。叶片条形，光滑无毛，上部扁平，下部腹面微凹，背面逐渐隆起呈凸形，横切面呈半圆形，细胞间隙大，海绵状；叶鞘抱茎。雌雄花序紧密连接；雄花序轴具白色弯曲柔毛，自基部向上具1～3枚叶状苞片，花后脱落；雌花序基部具1枚叶状苞片，花后脱落。小坚果椭圆形至长椭圆形；果皮具长形褐色斑点。花果期5～8月。

生于海拔400～800m的池塘、沟渠、沼泽及河流缓流带。分布于安徽、广东、贵州、河北、黑龙江、河南、湖北、江苏、江西、吉林、辽宁、内蒙古、陕西、山东、山西、台湾、云南、浙江。

为有名的水生蔬菜。嫩芽称蒲菜，其味鲜美，可食用。

禾本科 Poaceae

贵州悬竹
Ampelocalamus calcareus

秆圆柱形，高达1.5m。节间长8～18cm，上部有脱落性柔毛；秆节稍隆起，每节具多数分枝。箨鞘宿存，短于节间，背面稍具斑点，密被白色易落的柔毛，边缘有白色纤毛；箨耳小，新月形，向外开展；箨舌很短，顶端有白色纤毛；箨片卵状披针形或披针形，绿色，外翻。末级小枝具2～4叶；叶鞘无毛，有光泽，边缘有纤毛；叶耳向外张开，耳缘具放射状缘毛；叶舌短，顶端具白色长纤毛；叶片近革质，长圆状披针形，无毛，背面近粉绿色，有4～7对不明显的次脉。花序未见。笋期4月。

生于海拔约500m的石灰岩山地、阔叶林中或林缘。特产于贵州。模式标本采自贵州荔波县。

笋可食用。

粉箪竹
Bambusa chungii

竿直立，高3～18m。节间幼时被白色蜡粉，无毛，一般长30～45cm；箨环稍隆起。捧鞘早落，质薄而硬，脱落后在箨环留存一圈窄的木栓环；箨耳呈窄带形，边缘生淡色缘毛；箨舌先端截平或隆起，上缘具梳齿状裂刻或具长流苏状毛；箨片淡黄绿色，强烈外翻，脱落性，卵状披针形。叶鞘无毛；叶耳及鞘口缘毛常甚发达，但有时亦可不很显著，当存在时其质脆，易早落；叶片披针形乃至线状披针形，次脉5或6对。花枝极细长，无叶，通常每节仅生1或2枚假小穗，含4或5朵小花，最下方之1或2朵小花较大，上部的1或2朵则退化。未成熟果实的果皮在上部变硬，干后呈三角形；成熟颖果呈卵形，深棕色，腹面有沟槽。

生于海拔350～600m的林下或村边。分布于福建、广东、广西、贵州、湖南、云南。

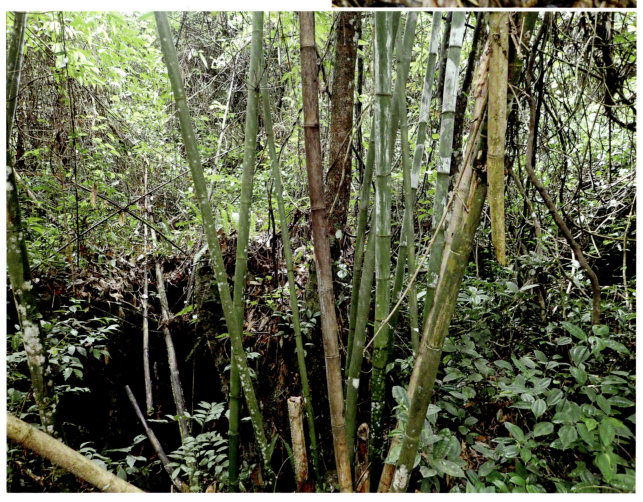

嫩的竹鞭和竹笋可以食用。

慈竹
Bambusa emeiensis

秆高5～10m，全秆约30节。节间圆筒形，长15～60cm，表面贴生灰白色或褐色疣基小刺毛，以后毛脱落则在节间留下小凹痕和小疣点；秆环平坦；箨环显著；秆每节有20条以上的分枝，呈半轮生状簇聚，水平伸展，主枝稍显著。箨鞘革质，背部密生白色短柔毛和棕黑色刺毛，鞘口宽广而下凹，略呈“山”字形；箨耳无；箨舌呈流苏状；箨片两面均被白色小刺毛，具多脉。末级小枝具数叶乃至多叶；叶鞘无毛，具纵肋，无鞘口缘毛；叶舌截形，棕黑色，上缘啮蚀状细裂；叶片窄披针形，次脉5～10对。花枝束生，弯曲下垂，长20～60cm或更长；小穗轴无毛，粗扁；颖0～1；外稃宽卵形，边缘生纤毛；内稃背部2脊上生纤毛，脊间无毛。果实纺锤形；果皮黄棕色，易与种子分离而为囊果状。笋期6～9月或12月至翌年3月，花期多在7～9月，但可持续数月之久。

生于海拔350～600m的林下或村边。分布于全国各地。

竹根、竹笋可食用。竹叶可药用。

狭叶方竹
Chimonobambusa angustifolia

秆高2～5m。秆下部的节内环生短刺状的气生根9～14条；节间略呈四方形或圆筒形，长10～15cm；箨环留有箨鞘基部的残余及淡褐色纤毛；秆每节分3枝，但亦有多枝者。箨鞘纸质至厚纸质，黄褐色，背面上部有大小不等的灰白色或淡黄色圆斑，下部则疏生淡黄色柔毛及小刺毛，鞘缘密生黄褐色纤毛，纵肋明显；箨耳不发达；箨舌截形或拱形，全缘；箨片极小，锥状三角形。末级小枝具1～4叶；叶鞘无毛，鞘缘生易落的纤毛；叶耳缺；鞘口缘毛仅3～5条，直立，苍白色；叶舌低矮，呈拱形；叶片线状披针形至线形，无毛，次脉3或4对，小横脉呈长方格状。花枝未见。笋期8～9月。

生于海拔700～1000m的开阔地带。分布于广西、贵州、湖北、陕西。

竹笋可食用。

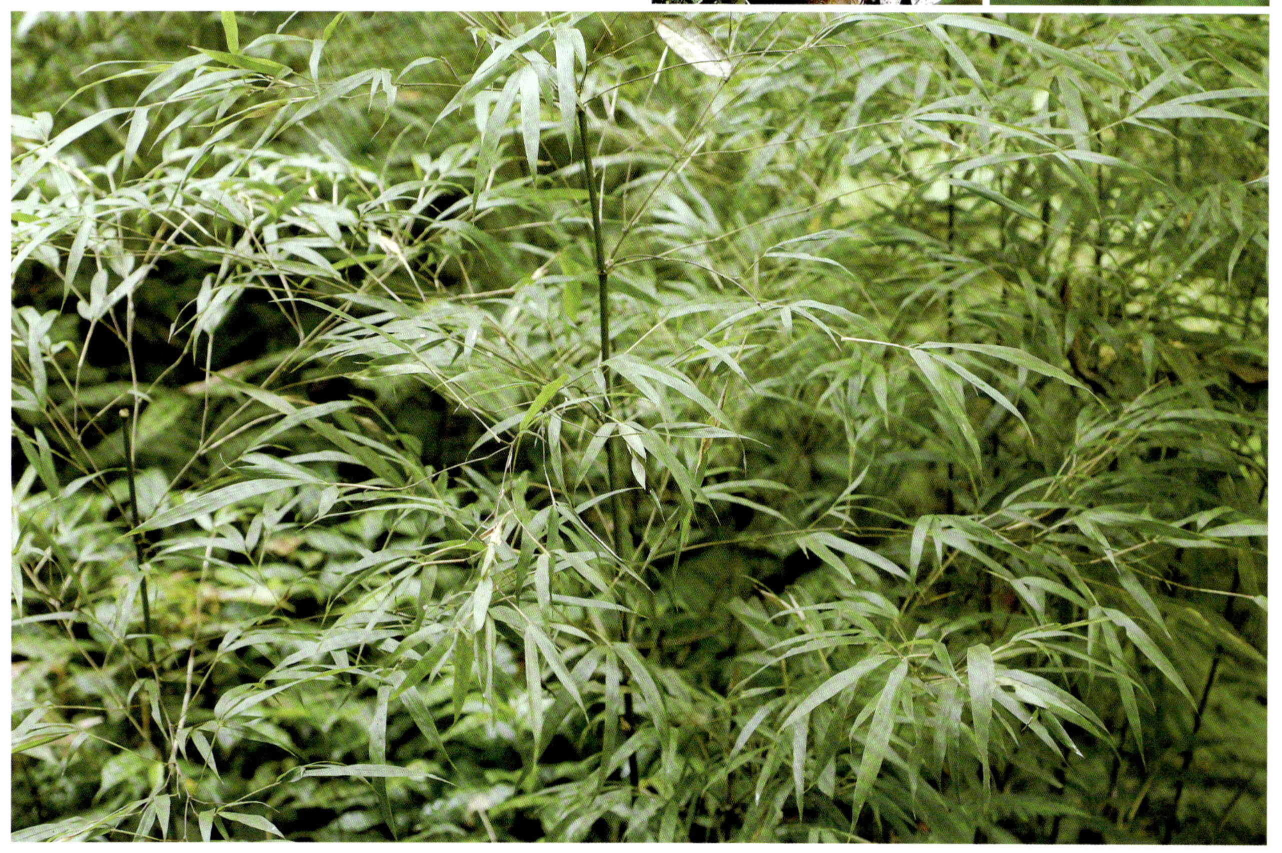

方竹 方苦竹、四方竹、四角竹

Chimonobambusa quadrangularis

竿直立，高 3～8m。节间长 8～22cm，竿中部以下各节环列短而下弯的刺状气生根；竿环位于分枝各节者甚为隆起；箨环初时有一圈金褐色绒毛环及小刺毛，以后渐变为无毛。箨鞘纸质或厚纸质，早落性，鞘缘生纤毛；箨耳及箨舌均不甚发达；箨片极小，锥形。末级小枝具 2～5 叶；叶鞘革质，光滑无毛，具纵肋；鞘口缘毛直立，平滑，易落；叶舌低矮，截形；叶片长椭圆状披针形，次脉 4～7 对。花枝呈总状或圆锥状排列，具稀疏排列的假小穗 2～4；小穗含 2～5 朵小花；颖 1～3，披针形。笋期 9～10 月。

生于海拔 400～800m 的林下或缓坡地区。分布于江苏、安徽、浙江、江西、福建、台湾、湖南、贵州、广西。

笋肉鲜美，可以食用。

麻竹
Dendrocalamus latiflorus

秆高20～25m。节间长45～60cm，幼时被白粉，但无毛，仅在节内具一圈棕色绒毛环；秆分枝习性高，每节分多枝，主枝常单一。箨鞘易早落，厚革质，呈宽圆铲形，背面略被小刺毛，但易落去而变无毛；箨耳小；箨舌边缘微齿裂；箨片外翻，卵形至披针形，腹面被淡棕色小刺毛。末级小枝具7～13叶，叶鞘幼时被黄棕色小刺毛，后变无毛；叶耳无；叶舌突起，截平，边缘微齿裂；叶片长椭圆状披针形，次脉7～15对。花枝大型，各节着生1～7枚乃至更多的假小穗，形成半轮生状态；小穗成熟时为红紫色或暗紫色，含6～8朵小花；颖2至数片。果实囊果状，卵球形。笋期7～9月。

生于海拔350～700m的缓坡区域和村边。分布于福建、广东、广西、贵州、海南、四川、台湾、香港、云南。

笋头可食，味甜美。

吊丝竹
Dendrocalamus minor

竿近直立，高6～12m。节间圆筒形，长30～45cm，无毛，幼时密被白粉，尤以被箨鞘掩盖部分为甚；箨环稍隆起，常留有残存的箨鞘基部。箨鞘早落性，革质，呈圆铲状，背面被贴生棕色小刺毛；箨耳极小，易脱落；箨舌边缘被细流苏状毛；箨片外翻，卵状披针形或披针形。末级分枝常单生，枝环显著隆起，节间无毛而有光泽，枝上端具3～8叶；叶鞘起初疏生小刺毛，以后则无毛；叶耳和鞘口缘毛均无；叶舌上缘有细齿裂；叶片呈长圆状披针形，基部圆，先端细长渐尖，两表面均无毛，背面近似有白粉，次脉8～12对。花枝每节着生假小穗5～10，小穗含小花4或5朵；颖通常2，宽卵形。果实长圆状卵形。花期10～12月，笋期翌年3～4月。

生于海拔400～500m的疏林或村边。分布于广东、广西、贵州。

笋可食用。

黔竹
Dendrocalamus tsiangii

秆高 6～8m。节间长 20～40cm，幼时被白粉，分枝习性较高，自秆基部第七至第十一节开始发枝，每节具多枝，主枝粗，明显。箨鞘早落性，厚纸质，背面贴生有淡棕色小刺毛；箨耳无；箨舌边缘具缘毛；箨片外翻，易脱落。末级小枝在节上近束生，无毛，全长可达 15cm，上端具 5～7 叶；叶鞘无毛，纵肋稍隆起，无叶耳；叶舌略凸起，边缘的形态略有变化，或波曲、或具细齿，稀或生有纤毛；叶片长圆状披针形，无毛，先端渐尖，具 1 短而粗糙的芒状尖头，基部在枝下方的叶为圆形，枝上方的叶为楔形，次脉 4～6 对，叶缘的一侧平滑，另一侧粗糙，小横脉仅在枝下方叶片的背面稀疏可见。花枝未见。笋期 7～8 月。

生于海拔 400～600m 的疏林或村边。分布于贵州、广西、四川。

笋可食用。

白茅

Imperata cylindrica

多年生草本，高30～80cm。叶鞘聚集于秆基，甚长于其节间，质地较厚，老后破碎呈纤维状；叶舌膜质，紧贴其背部或鞘口具柔毛，分蘖叶片扁平，质地较薄；秆生叶片窄线形，通常内卷，顶端渐尖呈刺状，下部渐窄，或具柄，质硬，被有白粉，基部腹面具柔毛。圆锥花序稠密；两颖草质及边缘膜质，近相等，具5～9脉，顶端渐尖或稍钝，常具纤毛，脉间疏生长丝状毛，第一外稃卵状披针形，长为颖片的2/3，透明膜质，无脉，顶端尖或齿裂，第二外稃与其内稃近相等，长约为颖之半，卵圆形，顶端具齿裂及纤毛；雄蕊2；花柱细长，基部多少连合，柱头2，紫黑色，羽状，自小穗顶端伸出。颖果椭圆形，胚长为颖果之半。花果期4～6月。

生于海拔350～800m的草地、田埂和荒坡地区。全国各地均有分布。

根茎可食用和药用，具有止血的功效。

荔波大节竹

Indosasa lipoensis

竿高10m，直径3～4cm。新竿密被短刺毛，无白粉；竿中部节间长30～40cm，竿髓为海绵状；竿环隆起，呈屈膝状；箨环无毛；竿中部每节分3枝，枝环隆起。箨鞘脱落性，背面红褐色或棕褐色，密被簇生状的棕色小刺毛；箨耳发达，两面均被短糙毛，继毛开展，做放射状，长卷曲；箨舌微呈拱形，先端具短纤毛；箨片绿色，三角状披针形或窄三角形，直立或开展，两面均疏生小刺毛，边缘之下部可作波状皱褶，具小锯齿和刺毛。末级小枝具2～4叶；叶鞘无毛；叶耳小，疏生直立继毛，易晚落；叶片披针形或长圆状披针形，两面均无毛，两边缘皆有小锯齿。花未见。笋期4月。

生于海拔400～600m的疏林或山坡。特产于贵州。

笋可食用。

中华大节竹　大眼竹、大节竹

Indosasa sinica

秆高达10m，直径约6cm。新秆绿色，密被白粉，疏生小刺毛，老秆带褐色或深绿色；秆中部节间长35～50cm；秆环甚隆起，呈屈膝状。箨鞘背面绿黄色，干后黄色，密被簇生的小刺毛；箨耳发达，两面均生有小刺毛；箨舌背部有小刺毛，先端微呈拱形；箨片绿色，三角状披针形。末级小枝具3～9叶；叶耳发达，早落；叶片通常为带状披针形。假小穗以2或3枚集生或单生于具叶小枝的下部各节；小穗含小花多数；外稃近革质，先端尖，有光泽，无毛，但被明显的白粉；内稃短于其外稃，先端钝，背部具2脊；花药紫色，花丝白色；花柱1，柱头3裂。颖果褐色，卵状椭圆形，基部圆形、先端有宿存的花柱基部。笋期4月，花期5月。

生于海拔350～600m的山坡疏林中，成片生长或散生。分布于广西、贵州、云南。

笋肉鲜嫩甜脆，可炒食、凉拌或煮食。

芦苇 芦、苇、葭

Phragmites australis

多年生禾草，高 1～3m。根状茎十分发达。秆直立，具 20 多节，基部和上部的节间较短，最长节间位于下部第 4～第 6 节，节下被蜡粉。叶片披针状线形，无毛，顶端长渐尖成丝形。圆锥花序大型，分枝多数，着生稠密下垂的小穗；小穗含 4 花；颖具 3 脉。花果期 7～11 月。

生于河畔、池塘和湿地。全国各地均有分布。

嫩芽、根状茎可食用。叶、花、茎、根可入药。

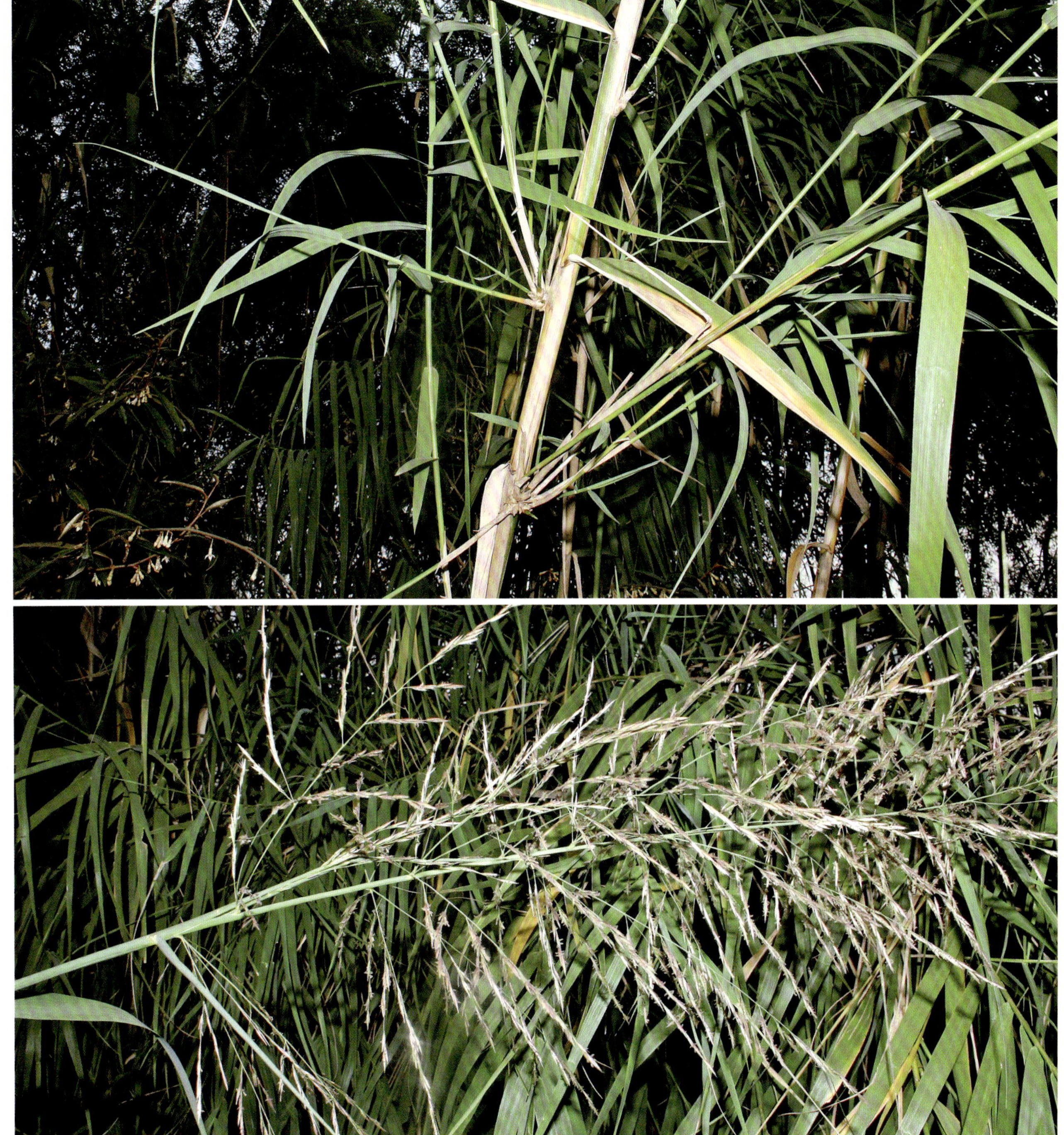

毛竹 楠竹、猫头竹

Phyllostachys edulis

秆高达 20m。幼秆密被细柔毛及厚白粉，箨环有毛，老秆无毛；基部节间甚短而向上则竹节较长，中部节间长达 40cm 或更长。箨鞘背面黄褐色或紫褐色；箨耳微小，缘毛发达；箨片长三角形至披针形，有波状弯曲。末级小枝具 2～4 叶；叶片披针形。花枝穗状，基部托以 4～6 片逐渐稍较大的微小鳞片状苞片；小穗仅有 1 朵小花；颖 1。颖果长椭圆形，顶端有宿存的花柱基部。笋期 4 月，花期 5～8 月。

生于海拔 1100m 以下的山坡。分布于安徽、福建、广东、广西、贵州、河南、湖北、湖南、江苏、江西、陕西、四川、台湾、云南、浙江。

竹笋可食，味鲜美。

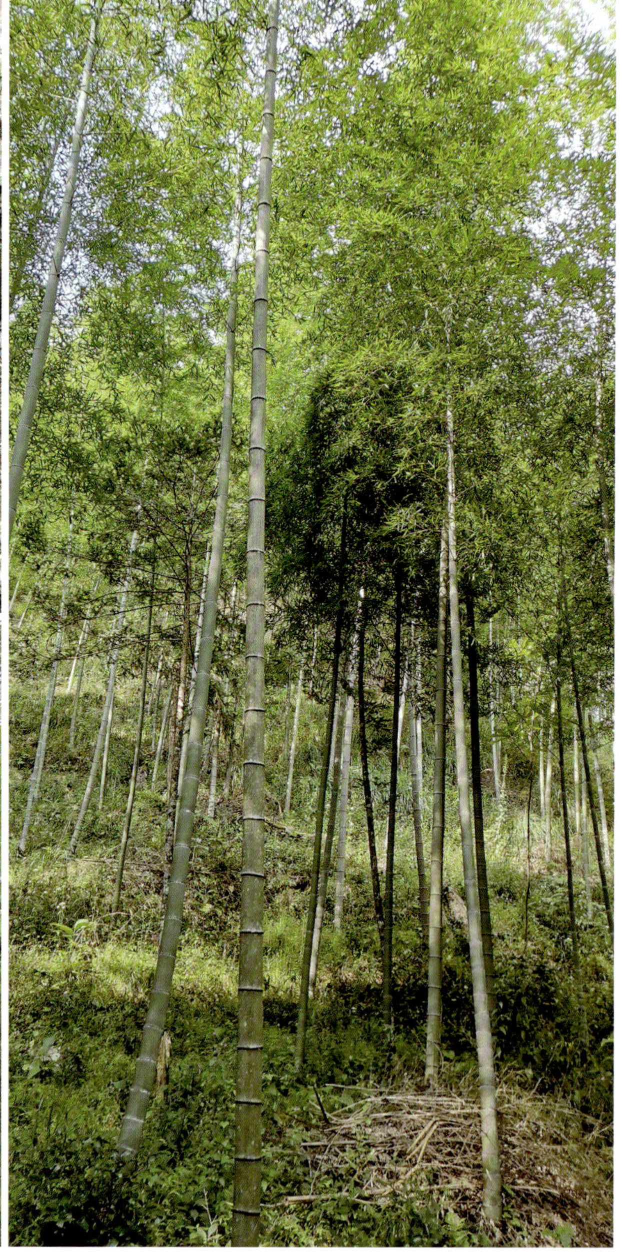

篌竹
Phyllostachys nidularia

竿高达 10m。节间最长可达 30cm；箨环最初有棕色刺毛。箨鞘无斑点，上部有白粉及乳白色纵条纹，中、下部则常为紫色纵条纹；箨耳疏生淡紫色缘毛；箨舌宽，微作拱形，紫褐色，边缘密生白色微纤毛；箨片绿紫色。末级小枝仅有 1 叶，稀可 2 叶，叶片下倾；叶舌低，不伸出；叶片呈带状披针形，无毛或在背面的基部生有柔毛。花枝呈紧密的头状，基部托以 2～4 片逐渐增大的鳞片状小型苞片；佛焰苞 1～6，每片佛焰苞腋内具假小穗 2～8；小穗含 2～5 朵小花；颖通常 1，有时多至 3 片。笋期 4～5 月，花期 4～8 月。

生于海拔 1100m 以下的林下或灌丛。分布于广东、广西、河南、湖北、江西、贵州、陕西、云南、浙江。

竹笋可食用，鲜食或加工成保鲜笋。

金竹
Phyllostachys sulphurea

秆高6～15m，直径4～10cm。秆幼时无毛，微被白粉，绿色，秆于解箨时呈金黄色；箨环微隆起。箨鞘背面呈乳黄色或绿黄褐色又多少带灰色，有绿色脉纹，无毛，微被白粉，有淡褐色或褐色略呈圆形的斑点及斑块；箨耳及鞘口缘毛俱缺；箨舌绿黄色，拱形或截形，边缘生淡绿色或白色纤毛；箨片狭三角形至带状，外翻，微皱曲，绿色，但具橘黄色边缘。末级小枝有2～5叶；叶鞘几无毛或仅上部有细柔毛；叶耳及鞘口缘毛均发达；叶片长圆状披针形或披针形。花枝未见。笋期5月中旬。

生于海拔400～500m的疏林和山坡地区。分布于安徽、福建、贵州、河南、湖南、江苏、江西、陕西、山东、浙江。

竹笋可食用。

苦竹 伞柄竹

Pleioblastus amarus

竿高3～5m。节间圆筒形，通常长27～29cm；箨环留有箨鞘基部木栓质的残留物，在幼竿的箨环还具一圈发达的棕紫褐色刺毛。箨鞘革质，被较厚白粉，易脱落，基部密生棕色刺毛，边缘密生金黄色纤毛；箨舌截形，被厚的脱落性白粉，边缘具短纤毛；箨片狭长披针形，开展，易向内卷折，边缘具锯齿。末级小枝具3或4叶；叶鞘无毛，呈干草黄色，具细纵肋；无叶耳和箨口缘毛；叶舌紫红色；叶片椭圆状披针形，次脉4～8对，叶缘两侧有细锯齿。总状花序或圆锥花序，具3～6小穗，侧生于主枝或小枝的下部各节，基部为1片苞片所包围；小穗含8～13朵小花；颖3～5。成熟果实未见。花期4～5月，笋期6月。

生于低海拔开阔地带。分布于安徽、福建、贵州、湖北、湖南、江苏、江西、四川、云南、浙江。

竹笋可食用。

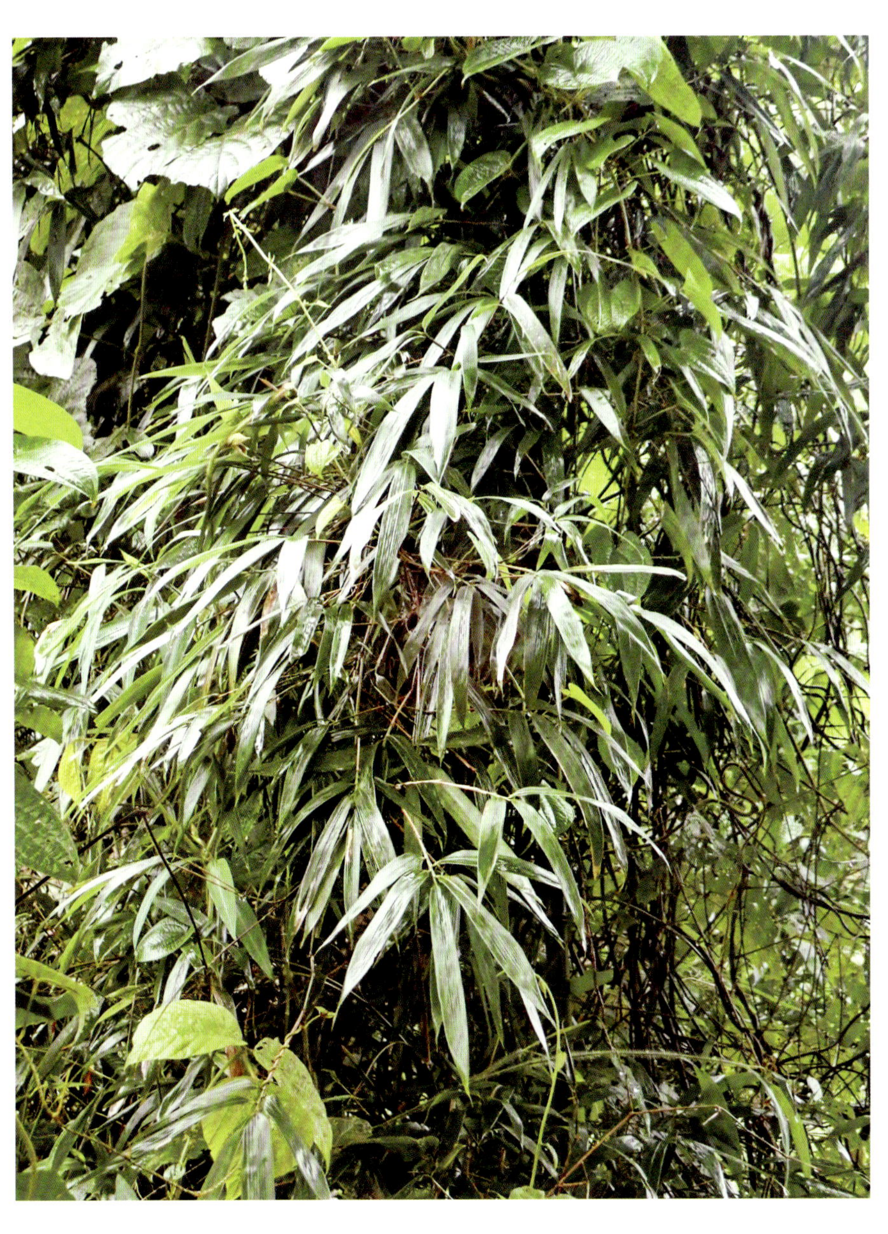

菰 茭儿菜、茭包、茭笋

Zizania latifolia

多年生草本，高1～2m。须根粗壮。秆高大直立，径约1cm，具多数节，基部节上生不定根。叶鞘长于其节间，肥厚，有小横脉；叶舌膜质，顶端尖；叶片扁平宽大，长50～90cm，宽15～30mm。圆锥花序长30～50cm，分枝多数簇生，上升，果期开展；雄小穗两侧压扁，着生于花序下部或分枝之上部，带紫色，外稃具5脉，顶端渐尖具小尖头，内稃具3脉，中脉成脊，具毛；雄蕊6；雌小穗圆筒形，着生于花序上部和分枝下方与主轴贴生处，外稃之5脉粗糙，内稃具3脉。颖果圆柱形，胚小型，为果体之1/8。

水生或沼生，常见栽培。分布于福建、甘肃、广东、广西、贵州、河北、黑龙江、湖北、湖南、江西、吉林、辽宁、内蒙古、陕西、四川、台湾。

地下嫩茎可食用，味道鲜美爽脆，炒食或者炖汤。

虎耳草科 Saxifragaceae

扯根菜 水泽兰

Penthorum chinense

多年生草本，高 40～90cm。根状茎分枝；茎不分枝，稀基部分枝，具多数叶，中下部无毛，上部疏生黑褐色腺毛。叶互生，无柄或近无柄，披针形至狭披针形，先端渐尖，边缘具细重锯齿，无毛。聚伞花序具多花；花序分枝与花梗均被褐色腺毛；苞片小，卵形至狭卵形；花小型，黄白色；萼片 5，革质，三角形，无毛，单脉；无花瓣；雄蕊 10；心皮 5（～6），下部合生；子房 5（～6）室，胚珠多数，花柱 5（～6），较粗。蒴果红紫色。种子多数，卵状长圆形，表面具小丘状突起。花果期 7～8 月。

生于海拔 400～1000m 的林下、灌丛及水边。分布于安徽、甘肃、广东、广西、贵州、河北、黑龙江、河南、湖北、湖南、江苏、江西、吉林、辽宁、陕西、四川、云南。

嫩茎叶可食用，营养丰富，可增强免疫力。

景天科 Crassulaceae

垂盆草 豆瓣菜、狗牙瓣、石头菜

Sedum sarmentosum

多年生草本。不育枝及花茎细，匍匐而节上生根，直到花序之下，枝长 10～25cm。3 叶轮生，叶倒披针形至长圆形，先端近急尖，基部急狭，有距。聚伞花序，有 3～5 分枝，花少；花无梗；萼片 5，披针形至长圆形，先端钝，基部无距；花瓣 5，黄色，披针形至长圆形，先端有稍长的短尖；雄蕊 10，较花瓣短；鳞片 10，楔状四方形，先端稍有微缺；心皮 5，长圆形，略叉开，有长花柱。种子卵形。花果期 5～8 月。

生于海拔 1100m 以下的山坡阳处或石上。分布于安徽、北京、福建、甘肃、贵州、河北、河南、湖北、湖南、江苏、江西、吉林、辽宁、陕西、山东、山西、四川、浙江。

全草可食用和药用，具有清热解毒的功效。

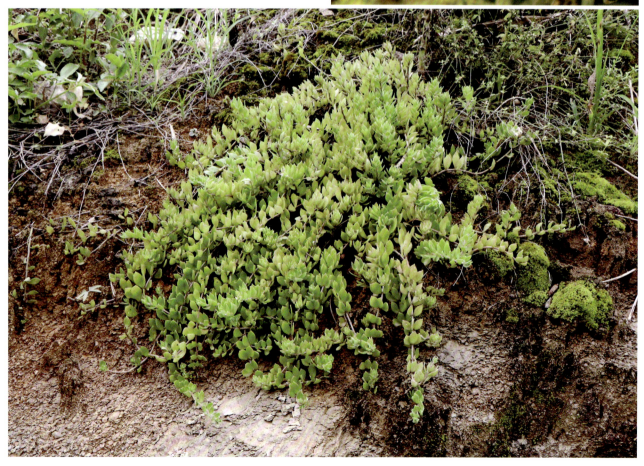

葡萄科 Vitaceae

乌蔹莓

Cayratia japonica

草质藤本。小枝圆柱形，有纵棱纹，无毛或微被疏柔毛。卷须 2～3 叉分枝，相隔 2 节间断与叶对生。叶为鸟足状 5 小叶，中央小叶长椭圆形或椭圆状披针形，侧生小叶椭圆形或长椭圆形，侧生小叶无柄或有短柄。花序腋生，复二歧聚伞花序；花瓣 4，三角状卵圆形，外面被乳突状毛；雄蕊 4，花药卵圆形，长宽近相等；花盘发达，4 浅裂；子房下部与花盘合生，花柱短，柱头微扩大。果实近球形，有种子 2～4 粒。花果期 3～11 月。

生于海拔 400～1000m 的山谷林中或山坡灌丛。分布于安徽、重庆、福建、广东、广西、贵州、海南、河南、湖南、江苏、陕西、山东、四川、台湾、云南、浙江。

全草可食用和药用。

豆科 Fabaceae

洋紫荆 羊蹄甲、红花紫荆

Bauhinia variegata

落叶乔木。树皮暗褐色，近光滑。叶近革质，广卵形至近圆形，基部浅至深心形，先端2裂达叶长的1/3，裂片阔，钝头或圆。总状花序侧生或顶生；花瓣倒卵形或倒披针形，长4～5cm，具瓣柄，紫红色或淡红色，杂以黄绿色及暗紫色的斑纹，近轴一片较阔；子房具柄，被柔毛。荚果带状，扁平，具长柄及喙。种子10～15粒，近圆形，扁平。花期全年，3月最盛。

生于海拔1000～1100m的林中。分布于我国南部。

花瓣直接可食；花后采嫩叶和嫩豆荚用开水烫后炒食。

鸡眼草 牛黄黄、公母草

Kummerowia striata

一年生草本，披散或平卧，多分枝，高5～45cm。叶为三出羽状复叶；托叶大，膜质，卵状长圆形，比叶柄长，具条纹，有缘毛；叶柄极短；小叶纸质，倒卵形、长倒卵形或长圆形，较小。花小，单生或2～3朵簇生于叶腋；花梗下端具2枚大小不等的苞片；花萼钟状，带紫色，5裂，裂片宽卵形，具网状脉，外面及边缘具白毛；花冠粉红色或紫色，旗瓣椭圆形，下部渐狭成瓣柄，具耳，龙骨瓣比旗瓣稍长或近等长，翼瓣比龙骨瓣稍短。荚果圆形或倒卵形。花果期7～10月。

生于海拔500m以下的路旁、田边、溪旁或山坡草地。分布于安徽、福建、广东、广西、贵州、黑龙江、河北、河南、湖北、湖南、江苏、江西、吉林、辽宁、内蒙古、山东、山西、陕西、四川、云南、台湾、浙江。

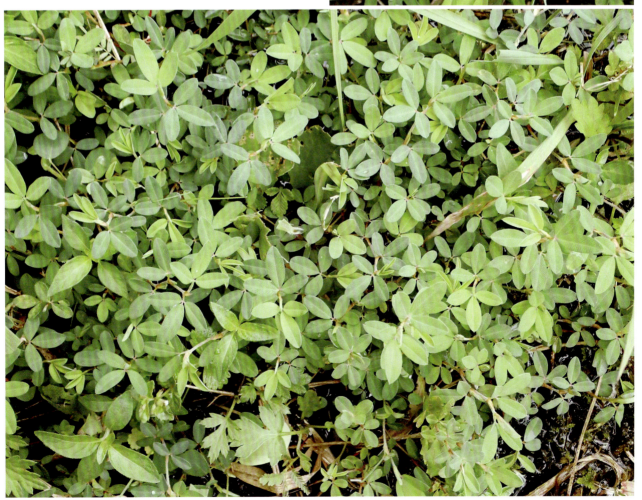

全草可食用和药用。

天蓝苜蓿
Medicago lupulina

一年生、二年生或多年生草本，高 15～60cm。主根浅，须根发达。茎平卧或上升，多分枝。叶茂盛；羽状三出复叶；托叶卵状披针形，常齿裂；小叶倒卵形、阔倒卵形或倒心形，纸质，先端多少截平或微凹，具细尖，基部楔形，边缘在上半部具不明显尖齿，两面均被毛，侧脉近 10 对；顶生小叶较大。花序小头状，具花 10～20 朵；总花梗细，挺直，比叶长，密被贴伏柔毛；苞片刺毛状；萼钟形，密被毛，萼齿线状披针形；花冠黄色，旗瓣近圆形，顶端微凹，冀瓣和龙骨瓣近等长，均比旗瓣短。荚果肾形，表面具同心弧形脉纹，被稀疏毛，有种子 1 粒。种子卵形，褐色。花果期 4～10 月。

生于海拔 400～600m 的河岸、路边、田野及林缘。分布于全国各地。

可作优质牧草。嫩茎叶营养丰富，可食，蒸煮或炒食。

紫苜蓿 苜蓿

Medicago sativa

多年生草本，高 30～100cm。茎直立、丛生以至平卧，四棱形，无毛或微被柔毛。枝叶茂盛；羽状三出复叶；托叶大，卵状披针形，先端锐尖，基部全缘或具 1～2 齿裂，脉纹清晰。花序总状或头状，具花 5～30 朵；总花梗挺直，比叶长；苞片线状锥形，比花梗长或等长；萼钟形，萼齿线状锥形，比萼筒长；花冠各色：淡黄色、深蓝色至暗紫色，花瓣均具长瓣柄，旗瓣长圆形，先端微凹，明显较翼瓣和龙骨瓣长，翼瓣较龙骨瓣稍长。荚果螺旋状旋转卷 2～4（～6）圈，熟时棕色，有种子 10～20 粒。种子卵形，平滑，黄色或棕色。花果期 5～8 月。

生于田边、路旁、草地、河岸及沟谷等地。广泛栽培于我国。

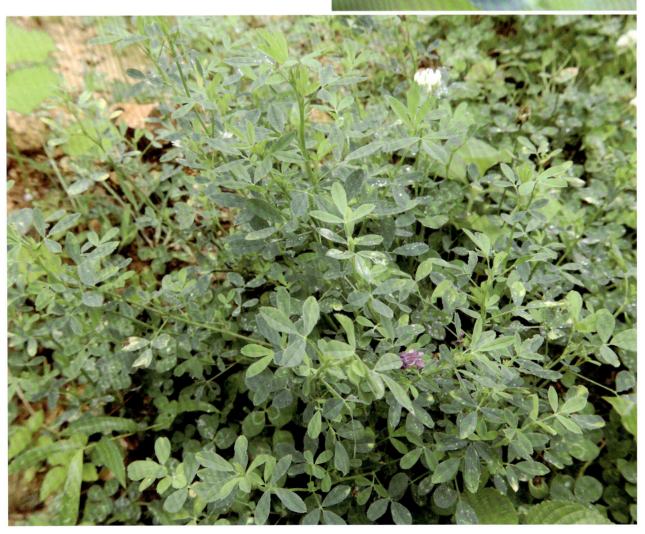

嫩茎可食用。

葛麻姆 野葛、葛

Pueraria montana var. lobata

粗壮藤本，长可达8m；全体被黄色长硬毛。茎基部木质，有粗厚的块状根。羽状复叶具3小叶；小叶3裂，偶尔全缘，顶生小叶宽卵形，长大于宽，端渐尖，基部近圆形，通常全缘。总状花序长15～30cm，中部以上有颇密集的花；花2～3朵聚生于花序轴的节上；花萼钟形，被黄褐色柔毛，裂片披针形，渐尖，比萼管略长；花冠紫色，旗瓣圆形，基部有2耳及一黄色硬痂状附属体，具短瓣柄，翼瓣镰状，较龙骨瓣为狭，基部有线形、向下的耳，龙骨瓣镰状长圆形，基部有极小、急尖的耳。荚果长椭圆形，褐色长硬毛。花果期7～12月。

生于海拔350～800m的丛林、山地疏林下或村边。分布于福建、广东、广西、贵州、海南、湖北、湖南、江西、四川、台湾、云南、浙江。

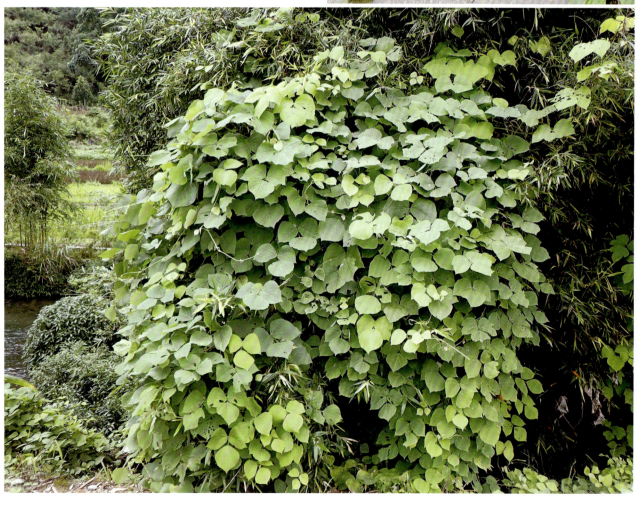

根和花可食用。

刺槐 洋槐

Robinia pseudoacacia

落叶乔木，高10～25m。树皮灰褐色至黑褐色；小枝灰褐色，幼时有棱脊，具托叶刺。羽状复叶长10～40cm；叶轴腹面具沟槽；小叶2～12对，常对生，椭圆形、长椭圆形或卵形；小托叶针芒状。总状花序，花序腋生，下垂；花多数，芳香；苞片早落；花萼斜钟状，萼齿5，三角形至卵状三角形，密被柔毛；花冠白色，各瓣均具瓣柄，旗瓣近圆形，先端凹缺，基部圆，反折，内有黄斑，翼瓣斜倒卵形，与旗瓣几等长，基部一侧具圆耳，龙骨瓣镰状，三角形，与翼瓣等长或稍短。荚果褐色，线状长圆形，沿腹缝线具狭翅；花萼宿存，有种子2～15粒。种子褐色至黑褐色，近肾形。花果期4～9月。

生于海拔400～800m的山坡或村边。除西藏、海南外，全国各地均有栽培。

花可食用；种子可榨油；叶可作饲料。

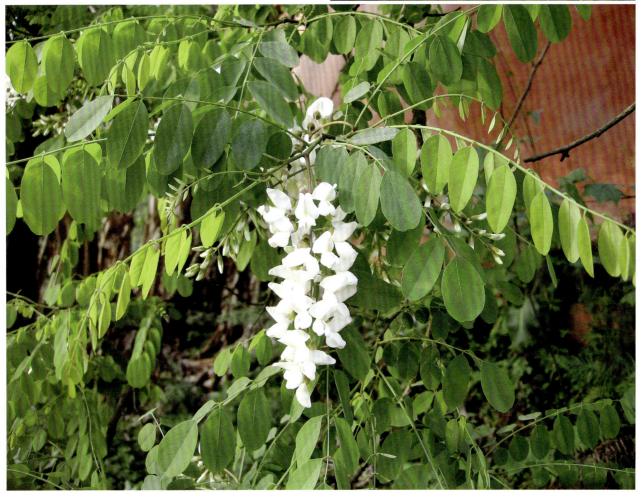

白车轴草 白三叶
Trifolium repens

多年生草本，高 10～30cm。掌状三出复叶；托叶卵状披针形，膜质，基部抱茎成鞘状，离生部分锐尖；叶柄较长，长 10～30cm；小叶倒卵形至近圆形，先端凹头至钝圆，基部楔形渐窄至小叶柄，中脉在背面隆起，侧脉约 13 对。花序球形，顶生；总花梗甚长，比叶柄长近 1 倍，具花 20～80 朵，密集；无总苞；苞片披针形，膜质，锥尖；花冠白色、乳黄色或淡红色，具香气，旗瓣椭圆形，比翼瓣和龙骨瓣长近 1 倍，龙骨瓣比翼瓣稍短；子房线状长圆形，花柱比子房略长，胚珠 3～4。荚果长圆形。种子通常 3 粒。花果期 5～10 月。

生于海拔 350～1000m 的湿润草地、河岸、路边。全国各地均有。

全草可食用和药用。

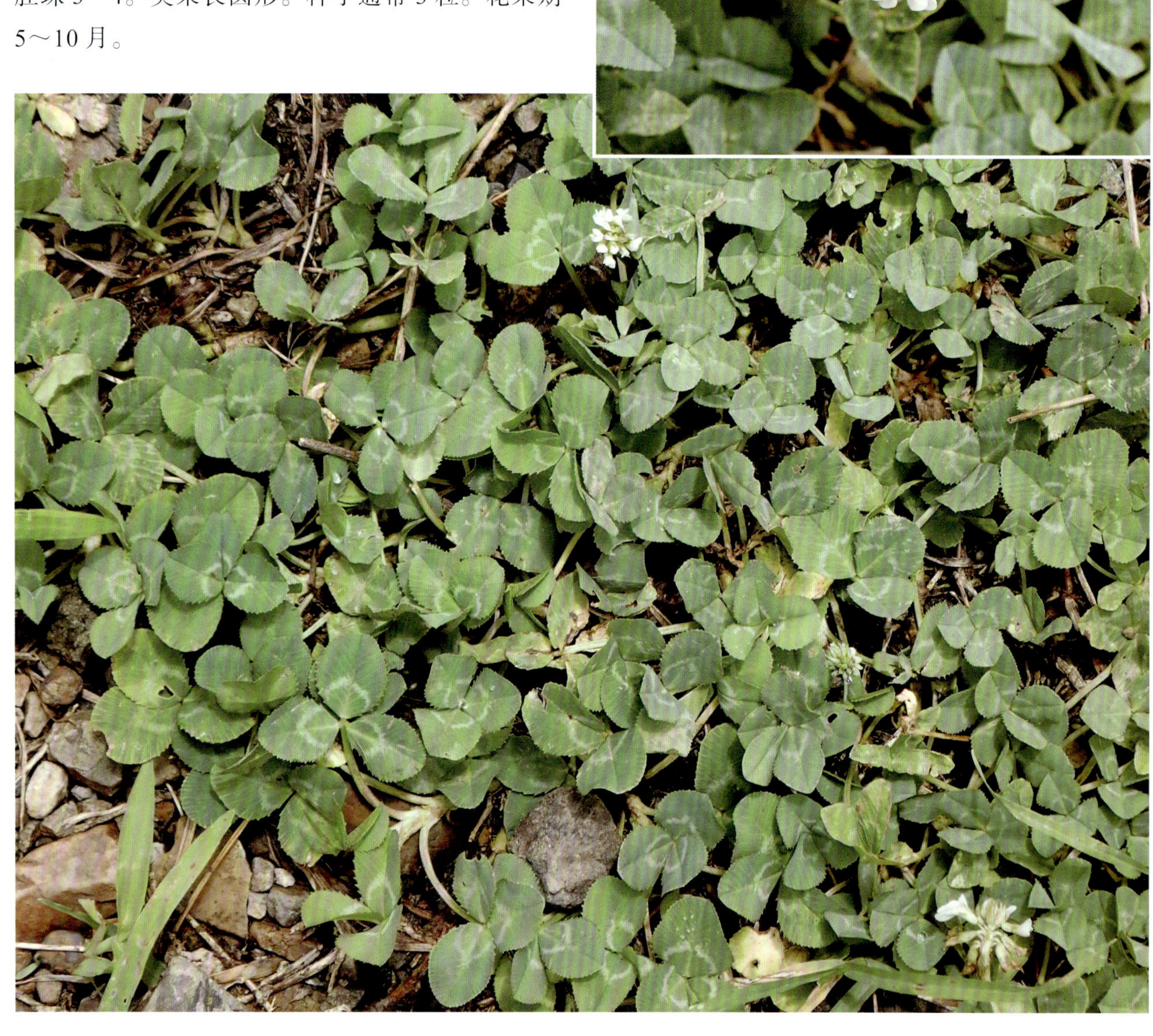

野豌豆
Vicia sepium

多年生草本，高 30～100cm。根茎匍匐；茎柔细斜升或攀援。偶数羽状复叶长 7～12cm，叶轴顶端卷须发达；托叶有 2～4 裂齿；小叶 5～7 对，长卵圆形或长圆披针形，先端钝或平截，微凹，有短尖头。短总状花序，花 2～4（～6）朵腋生；花萼钟状，萼齿披针形或锥形，短于萼筒；花冠红色或近紫色至浅粉红色，稀白色，旗瓣近提琴形，先端凹，翼瓣短于旗瓣，龙骨瓣内弯；子房线形，胚珠 5。荚果宽长圆状，近菱形，成熟时亮黑色，先端具喙，微弯。种子 5～7 粒，扁圆球形，表皮棕色有斑。花果期 4～8 月。

生于海拔 800～1000m 的山坡、林缘、草丛、田边。分布于甘肃、贵州、陕西、四川、新疆、云南。

种子可用于榨油，亦可食用；叶可用作牧草。

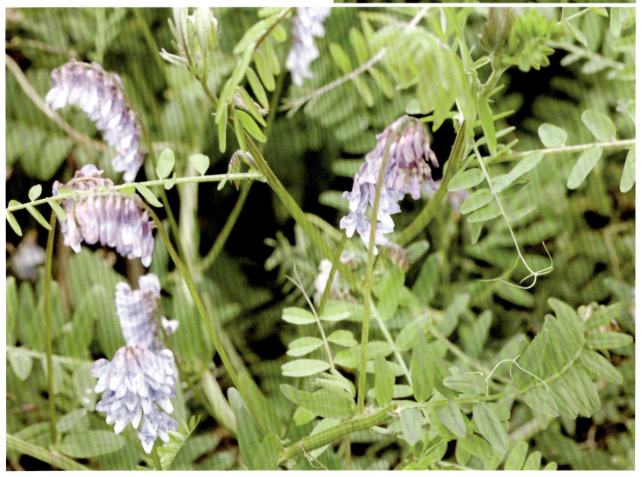

蔷薇科 Rosaceae

三叶委陵菜　三张叶
Potentilla freyniana

多年生草本。根分枝多，簇生。花茎纤细，直立或上升，高 8～25cm，被疏柔毛。基生叶掌状三出复叶；小叶片长圆形、卵形或椭圆形，顶端急尖或圆钝，基部楔形或宽楔形，边缘有多数急尖锯齿，两面被毛；茎生叶 1～2；基生叶托叶膜质，褐色；茎生叶托叶草质，绿色。伞房状聚伞花序顶生，多花，松散；萼片三角卵形，副萼片披针形，顶端渐尖，与萼片近等长；花瓣淡黄色，顶端微凹或圆钝；花柱近顶生，上部粗，基部细。成熟瘦果卵球形，表面有显著脉纹。花果期 3～6 月。

生于海拔 350～1100m 的山坡、溪边及疏林下阴湿处。分布于安徽、福建、甘肃、贵州、河北、黑龙江、湖北、湖南、江苏、江西、吉林、辽宁、陕西、山东、山西、四川、云南、浙江。

全草可蒸煮食用，亦可药用，外敷可清热解毒。

大红泡
Rubus eustephanos

灌木，高 0.5～2m。小枝灰褐色，常有棱角，无毛，疏生钩状皮刺。小叶 3～7，卵形、椭圆形、稀卵状披针形，顶端渐尖至长渐尖，基部圆形，幼时两面疏生柔毛，老时仅背面沿叶脉有柔毛，沿中脉有小皮刺，边缘具缺刻状尖锐重锯齿；托叶披针形，顶端尾尖，无毛或边缘稍有柔毛。花常单生，稀 2～3 朵，常生于侧生小枝顶端；苞片和托叶相似；花大；花萼无毛；萼片长圆披针形，顶端钻状长渐尖，内萼片边缘有绒毛，花后开展，果时常反折；花瓣椭圆形或宽卵形，白色，长于萼片。果实近球形，红色，无毛。花果期 4～7 月。

生于海拔 500～1000m 的山坡密林下或河沟边灌丛中。分布于贵州、湖南、陕西、四川、浙江。

果实可食用，味甘甜。

桑科 Moraceae

薜荔 凉粉果、冰粉子
Ficus pumila

攀援或匍匐灌木。叶两型；不结果枝节上生不定根，叶卵状心形，薄革质，基部稍不对称，尖端渐尖，叶柄很短；结果枝上无不定根，叶革质，卵状椭圆形，先端急尖至钝形，基部圆形至浅心形，叶柄长 5～10mm；托叶 2，披针形，被黄褐色丝状毛。榕果单生叶腋，瘿花果梨形，雌花果近球形，榕果幼时被黄色短柔毛，成熟黄绿色或微红；雄花，生榕果内壁口部，多数，排为几行，有柄，花被片 2～3，线形，雄蕊 2，花丝短；瘿花具柄，花被片 3～4，线形，花柱侧生；雌花生另一植株榕果内壁，花柄长，花被片 4～5。瘦果近球形，有黏液。花果期 5～8 月。

生于海拔 35～800m 的石上或树干上。分布于安徽、福建、广东、广西、贵州、湖南、江苏、江西、陕西、四川、台湾、云南、浙江。

瘦果水洗可制作凉粉；种子可用来提取果胶。藤叶可药用。

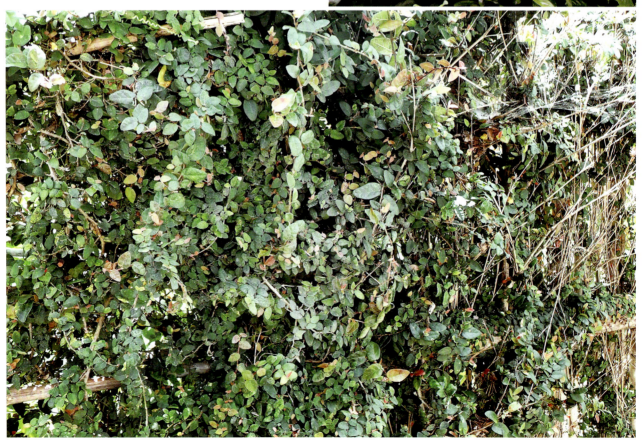

地果 地石榴、地瓜、地枇杷

Ficus tikoua

匍匐木质藤本。幼枝偶有直立的，高达30～40cm。茎上生细长不定根，节膨大。叶坚纸质，倒卵状椭圆形，先端急尖，基部圆形至浅心形，边缘具波状疏浅圆锯齿；托叶披针形，被柔毛。榕果成对或簇生于匍匐茎上，常埋于土中，球形至卵球形，基部收缩成狭柄，成熟时深红色，表面多圆形瘤点，基生苞片3，细小；雄花生榕果内壁孔口部，无柄，花被片2～6，雄蕊1～3；雌花生另一植株榕果内壁，有短柄；无花被，有黏膜包被子房。瘦果卵球形，表面有瘤体，柱头2裂。花果期5～7月。

生于海拔350～500m的荒地、草坡或岩石缝中。分布于甘肃、广西、贵州、湖北、湖南、陕西、四川、西藏、云南。

果实成熟后可食用。根和茎叶晒干后可入药。

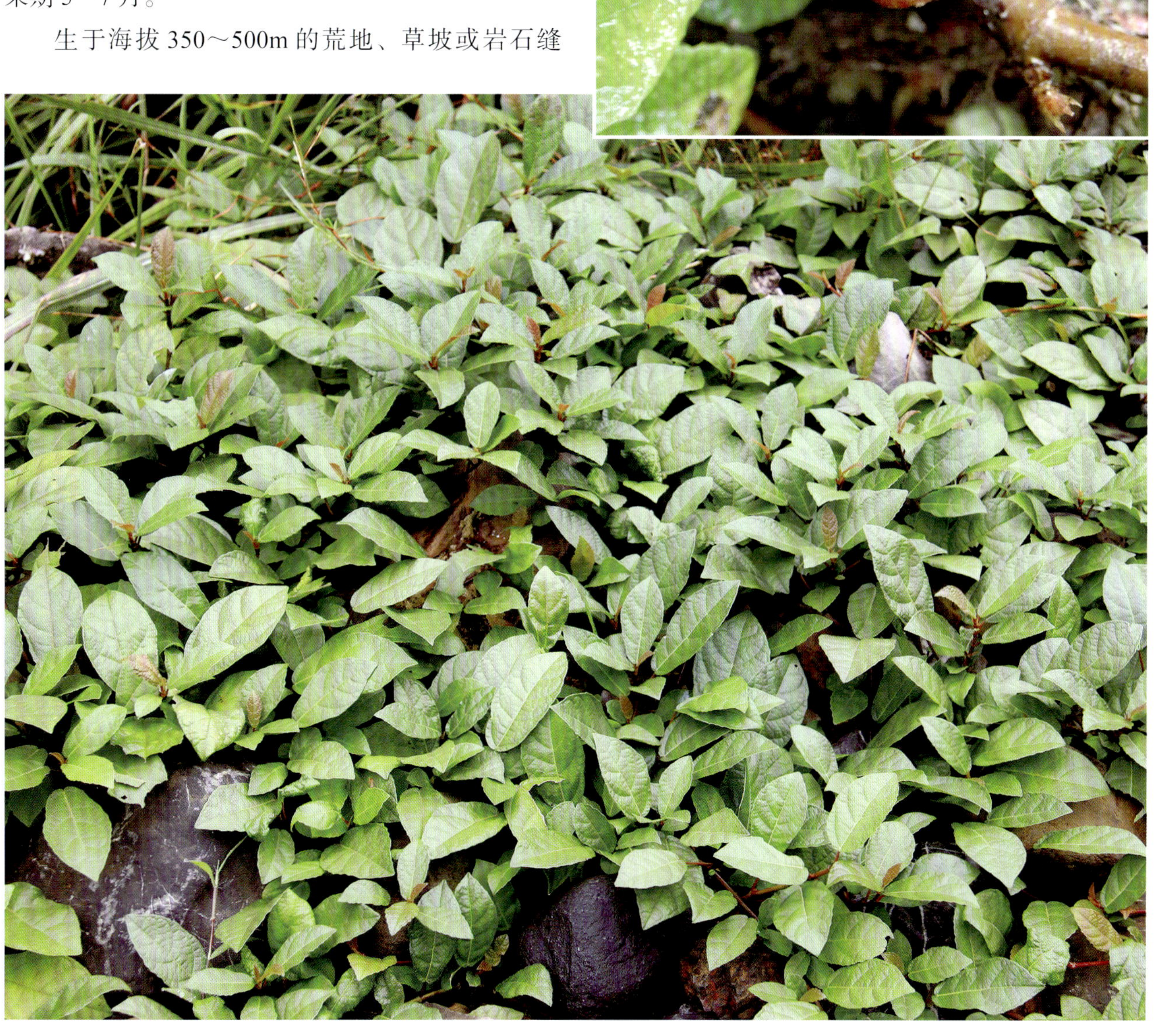

荨麻科 Urticaceae

苎麻　野麻、野苎麻
Boehmeria nivea

亚灌木或灌木，高 0.5～1.5m。茎上部与叶柄均被毛。叶互生；叶片草质，通常圆卵形或宽卵形，少数卵形，顶端骤尖，基部近截形或宽楔形，边缘在基部之上有牙齿，侧脉约 3 对；托叶分生，披针形。圆锥花序腋生。雄花：花被片 4，狭椭圆形，合生至中部，顶端急尖，外面有疏柔毛；雄蕊 4；退化雌蕊狭倒卵球形，顶端有短柱头。雌花：花被椭圆形，顶端有 2～3 小齿，外面有短柔毛。瘦果近球形。花果期 4～11 月。

生于海拔 200～1000m 的山谷林边或灌丛。分布于安徽、福建、广东、广西、贵州、海南、湖北、湖南、江西、陕西、四川、台湾、云南、浙江。

根中含有丰富的淀粉，可作为酿酒的原料；叶片可食用。

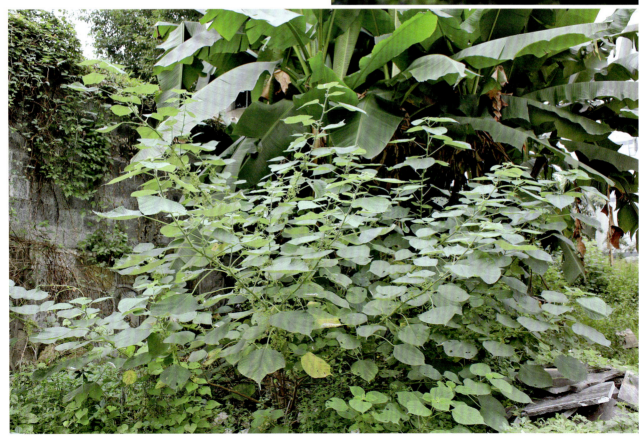

糯米团
Gonostegia hirta

多年生草本。茎蔓生、铺地或渐升，长50～100cm，不分枝或分枝，上部带四棱形，有短柔毛。叶对生；叶片草质或纸质，宽披针形至狭披针形、狭卵形、稀卵形或椭圆形，边缘全缘，基出脉3～5条；托叶钻形。团伞花序腋生，通常两性，有时单性，雌雄异株；苞片三角形。雄花：花被片5，分生，倒披针形；雄蕊5，花丝条形；退化雌蕊极小，圆锥状。雌花：花被菱状狭卵形，顶端有2小齿，有疏毛，有10条纵肋；柱头有密毛。瘦果卵球形，白色或黑色。花期5～9月。

生于海拔100～1000m的丘陵、低山林中、灌丛或沟边草地。分布于安徽、福建、广东、广西、贵州、海南、河南、江苏、江西、陕西、四川、台湾、西藏、云南。

全草可食用。

葫芦科 Cucurbitaceae

绞股蓝
Gynostemma pentaphyllum

草质攀援植物。茎细弱，具分枝，具纵棱及槽，无毛或疏被短柔毛。叶膜质或纸质，鸟足状，具3～9小叶，通常5～7小叶；小叶片卵状长圆形或披针形，两面均疏被短硬毛，侧脉6～8对，腹面平坦，背面凸起，细脉网状；卷须纤细，2歧，稀单一，无毛或基部被短柔毛。花雌雄异株。雄花：圆锥花序，花序轴纤细，多分枝；花萼筒极短，5裂，裂片三角形；花冠淡绿色或白色，5深裂，裂片卵状披针形。雌花：圆锥花序远较雄花之短小；花萼及花冠似雄花；子房球形，2～3室，花柱3，短而叉开，柱头2裂。果实肉质不裂，球形。种子卵状心形，灰褐色或深褐色。花果期3～12月。

生于海拔400～1200m的山谷密林、山坡疏林、灌丛中或路旁草丛中。分布于陕西南部和长江以南各地。

全草可食用；叶腋部位的嫩芽和龙须可用来泡茶。

酢浆草科 Oxalidaceae

酢浆草
Oxalis corniculata

多年生草本，高 10～35cm，全株被柔毛。茎细弱，多分枝，直立或匍匐，匍匐茎节上生根。叶基生或茎上互生；托叶小，长圆形或卵形，边缘被密长柔毛，基部与叶柄合生；叶柄基部具关节；小叶 3，无柄，倒心形，先端凹入，基部宽楔形，两面被柔毛或表面无毛，沿脉被毛较密，边缘具贴伏缘毛。花单生或数朵集为伞形花序状，腋生；总花梗淡红色，与叶近等长；萼片 5，披针形或长圆状披针形，背面和边缘被柔毛，宿存；花瓣 5，黄色，长圆状倒卵形；雄蕊 10，花丝白色半透明。蒴果长圆柱形，5 棱。种子长卵形，褐色或红棕色，具横向肋状网纹。花果期 2～10 月。

生于海拔 1000m 以下的山坡、河谷沿岸、路边、田边、荒地或林下阴湿处等。全国各地均有分布。

全草可食用和药用，具有清热解毒的功效。

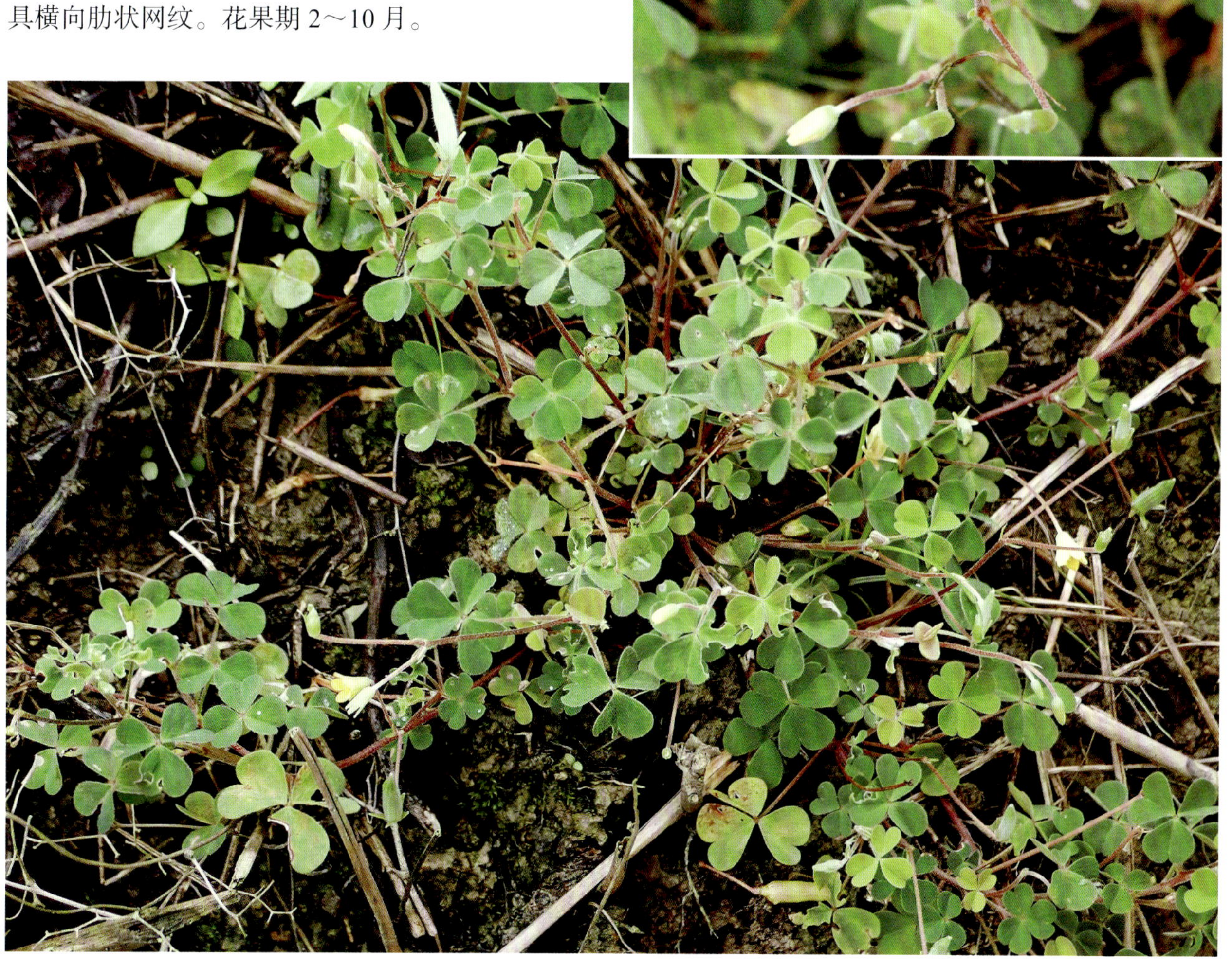

堇菜科 Violaceae

七星莲

Viola diffusa

一年生草本，全体被糙毛或白色柔毛，或近无毛，花期生出地上匍匐枝。匍匐枝先端具莲座状叶丛，通常生不定根。基生叶多数，丛生呈莲座状，或于匍匐枝上互生；叶片卵形或卵状长圆形，先端钝或稍尖，基部宽楔形或截形，稀浅心形，边缘具钝齿及缘毛，幼叶两面密被白色柔毛，后渐变稀疏。花较小，淡紫色或浅黄色，具长梗，生于基生叶或匍匐枝叶丛的叶腋间；花梗纤细，无毛或被疏柔毛，中部有1对线形苞片；萼片披针形，基部附属物短，末端圆或具稀疏细齿，边缘疏生睫毛；侧方花瓣倒卵形或长圆状倒卵形，下方花瓣较其他花瓣显著短。蒴果长圆形，无毛，顶端常具宿存的花柱。花果期3～8月。

生于海拔1000m以下的山地林下、林缘、草坡、溪谷旁、岩石缝隙中。分布于安徽、重庆、福建、甘肃、广东、广西、贵州、海南、河南、湖北、湖南、江苏、江西、陕西、四川、台湾、西藏、云南、浙江。

全草可食，采集现蕾期前的幼嫩植株凉拌、炒食、煲汤、做馅、腌渍等。

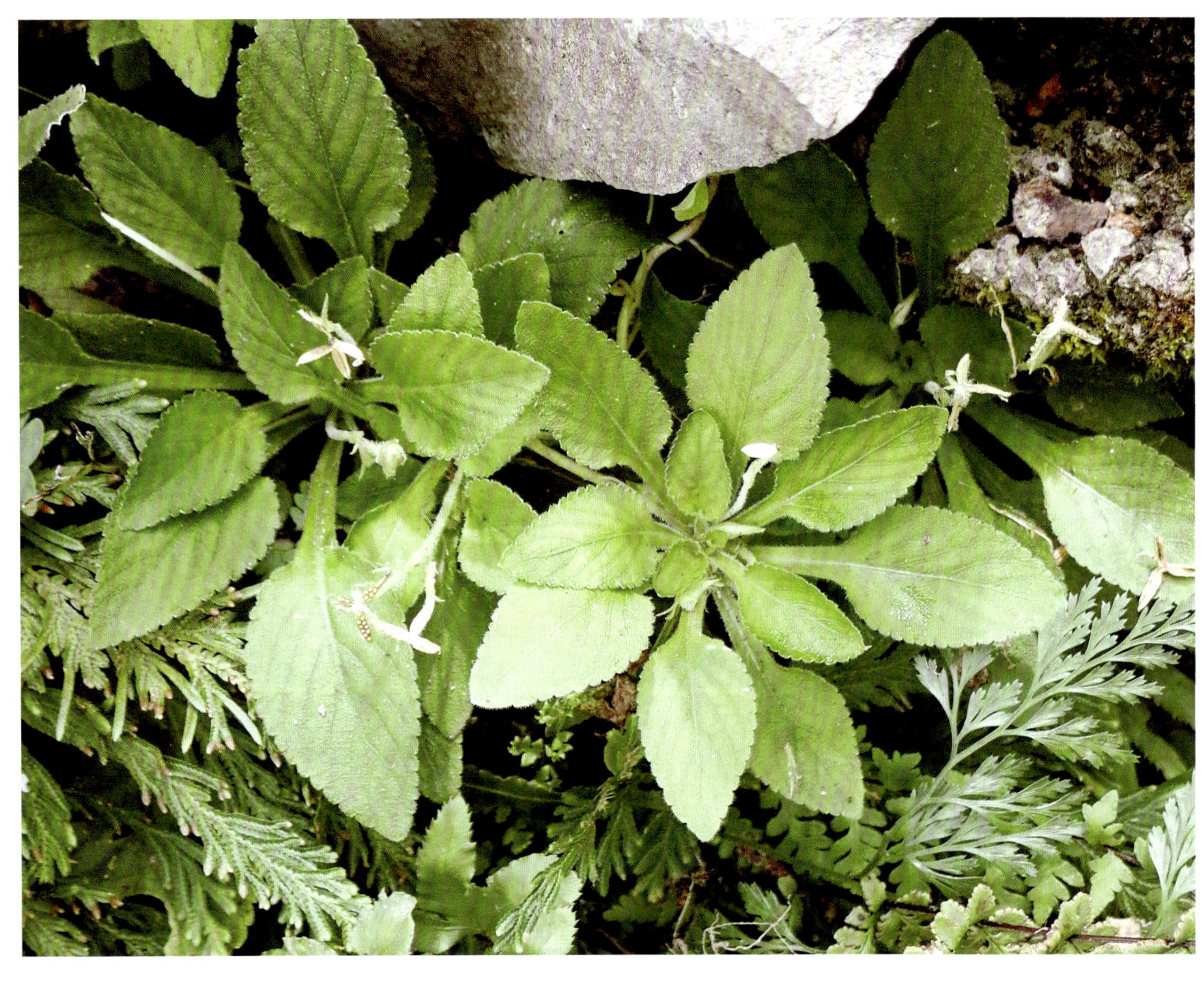

紫花地丁
Viola philippica

多年生草本，无地上茎，高4～14cm，果期高可达20cm。叶多数，基生，莲座状；叶片下部者通常较小，呈三角状卵形或狭卵形，上部者较长，呈长圆形、狭卵状披针形或长圆状卵形，基部截形或楔形，稀微心形，边缘具较平的圆齿，两面无毛或被细短毛。花中等大，紫堇色或淡紫色，稀呈白色，喉部色较淡并带有紫色条纹；花梗细弱，与叶片等长或高出于叶片；萼片卵状披针形或披针形；花瓣倒卵形或长圆状倒卵形，侧方花瓣长，下方花瓣里面有紫色脉纹；距细管状。蒴果长圆形，无毛。种子卵球形，淡黄色。花果期4～9月。

生于海拔1100m以下的田间、荒地、山坡草丛、林缘或灌丛中。分布于安徽、重庆、福建、甘肃、广东、广西、贵州、海南、河北、黑龙江、河南、湖北、江苏、江西、吉林、辽宁、内蒙古、宁夏、陕西、山东、山西、四川、台湾、云南、浙江。

全草可食，幼苗或嫩茎可炒食、做汤、和面蒸食或煮菜粥等。

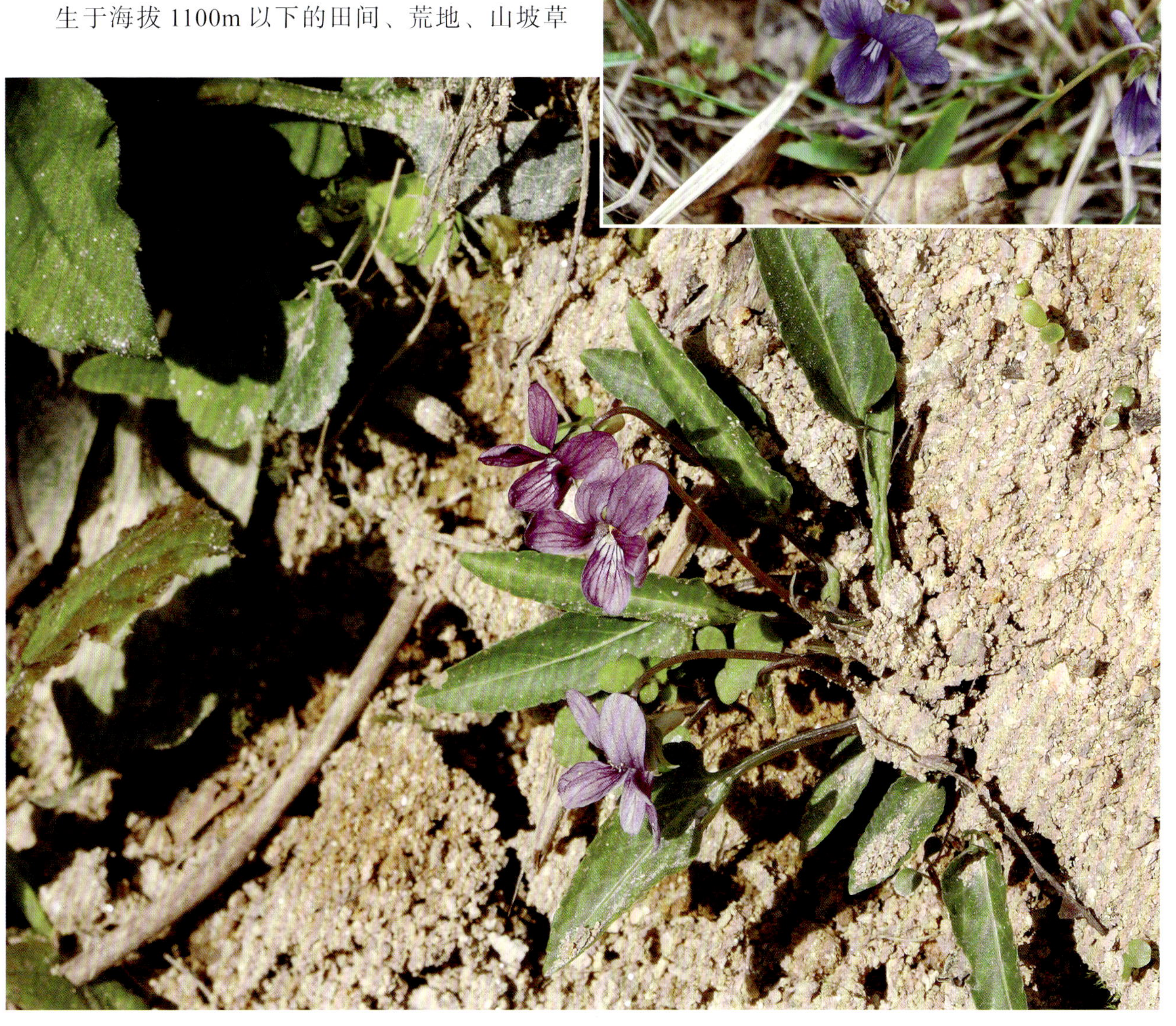

大戟科 Euphorbiaceae

铁苋菜　蚌壳草

Acalypha australis

一年生草本，高 20～50cm。叶膜质，长卵形、近菱状卵形或阔披针形，顶端短渐尖，基部楔形，稀圆钝，边缘具圆锯；基出脉 3 条，侧脉 3 对。雌雄花同序；花序腋生，稀顶生；花序轴具短毛；雌花苞片 1～2（～4），卵状心形，花后增大，边缘具三角形齿，外面沿掌状脉具疏柔毛，苞腋具雌花 1～3 朵；雄花生于花序上部，排列成穗状或头状，雄花苞片苞腋具雄花 5～7 朵，簇生；雄花花萼裂片 4，卵形；雌花萼片 3，长卵形；子房具疏毛，花柱 3，撕裂 5～7 条。蒴果具 3 果瓣，果皮具疏生毛和毛基变厚的小瘤体。种子近卵状。花果期 4～12 月。

生于海拔 1000m 以下的平山坡、耕地、草地和疏林下。我国除内蒙古、新疆以外均有分布。

嫩叶可食用。

亚麻科 Linaceae

青篱柴
Tirpitzia sinensis

灌木或小乔木，高1～5m。树皮灰褐色，无毛，有灰白色椭圆形的皮孔。小枝干后褐色或灰褐色，有纵沟纹。叶纸质或厚纸质，椭圆形、倒卵状椭圆形或卵形，先端钝圆或急尖，有小突尖或微凹，基部宽楔形或近圆形，全缘，表面绿色，背面淡绿色，干后表面灰绿色或暗绿色，背面灰绿色、墨绿色。聚伞花序在茎和分枝上部腋生；苞片小，宽卵形；萼片5，披针形，先端钝圆，有纵棱多条，外面2片尤明显，宿存；花瓣5，白色，爪细，旋转排列成管状，瓣片阔倒卵形。蒴果长椭圆形或卵形，枯褐色，室间开裂成4瓣。种子具膜质翅；翅倒披针形，稍短于蒴果。花果期5～12月。

生于海拔340～1000m的路旁、山坡和山顶。分布于广西、贵州、湖北、云南。

茎、叶可食用和药用，具有消肿止痛的功效。

千屈菜科 Lythraceae

圆叶节节菜
Rotala rotundifolia

一年生草本，高 5～30cm。茎单一或稍分枝，丛生，带紫红色。叶对生，无柄或具短柄，近圆形、阔倒卵形或阔椭圆形，顶端圆形，基部钝形，或无柄时近心形，侧脉 4 对，纤细。花单生于苞片内，组成顶生稠密的穗状花序，花序每株 1～3 个，有时 5～7 个；花极小，几无梗；苞片叶状，卵形或卵状矩圆形，小苞片 2，披针形或钻形；萼筒阔钟形，膜质，半透明，裂片 4；花瓣 4，倒卵形，淡紫红色；雄蕊 4。蒴果椭圆形，3～4 瓣裂。花果期 12 月至翌年 6 月。

生于海拔 1000m 以下的水田或潮湿的地方。分布于福建、广东、广西、贵州、海南、湖北、湖南、江西、山东、四川、台湾、云南、浙江。

全草可食用，鲜食或晒干储藏。

柳叶菜科 Onagraceae

柳叶菜
Epilobium hirsutum

多年生草本，高 25～200cm。叶草质，对生，茎上部的互生，无柄，并多少抱茎；茎生叶披针状椭圆形至狭倒卵形或椭圆形，稀狭披针形，先端锐尖至渐尖，基部近楔形，边缘每侧具 20～50 枚细锯齿。总状花序直立；苞片叶状；花直立；花蕾卵状长圆形；萼片长圆状线形，背面隆起成龙骨状；花瓣常玫瑰红色，或粉红色、紫红色，宽倒心形，先端凹缺；花药乳黄色；子房灰绿色至紫色，花柱白色或粉红色，柱头白色，4 深裂。种子倒卵状。花果期 6～9 月。

生于海拔 350～1000m 的河谷、沟边、灌丛、荒坡及路旁。分布于安徽、甘肃、广东、贵州、河北、河南、湖北、湖南、江苏、江西、吉林、辽宁、内蒙古、宁夏、陕西、山东、山西、四川、新疆、西藏、云南、浙江。

嫩苗、嫩叶可食用，作色拉凉菜。根可入药。

漆树科 Anacardiaceae

黄连木　凉茶树
Pistacia chinensis

落叶乔木，高达20m。树干扭曲。树皮暗褐色，呈鳞片状剥落。幼枝灰棕色，具细小皮孔，疏被微柔毛或近无毛。奇数羽状复叶互生，有小叶5～6对，叶轴具条纹；小叶对生或近对生，纸质，披针形或卵状披针形或线状披针形。花单性异株，先花后叶；圆锥花序腋生，雄花序排列紧密，雌花序排列疏松，均被微柔毛；花小，被微柔毛；苞片披针形或狭披针形；雄花花被片2～4，披针形或线状披针形，大小不等；雄蕊3～5；雌蕊缺；子房球形，无毛，花柱极短，柱头3，厚，肉质，红色。核果倒卵状球形，略压扁，成熟时紫红色。

生于海拔350～1050m的石山林中。分布于安徽、福建、甘肃、广东、广西、贵州、海南、河北、河南、湖北、湖南、江苏、江西、陕西、山东、山西、四川、西藏、云南、台湾、浙江。

种子可榨油；嫩叶可食用。

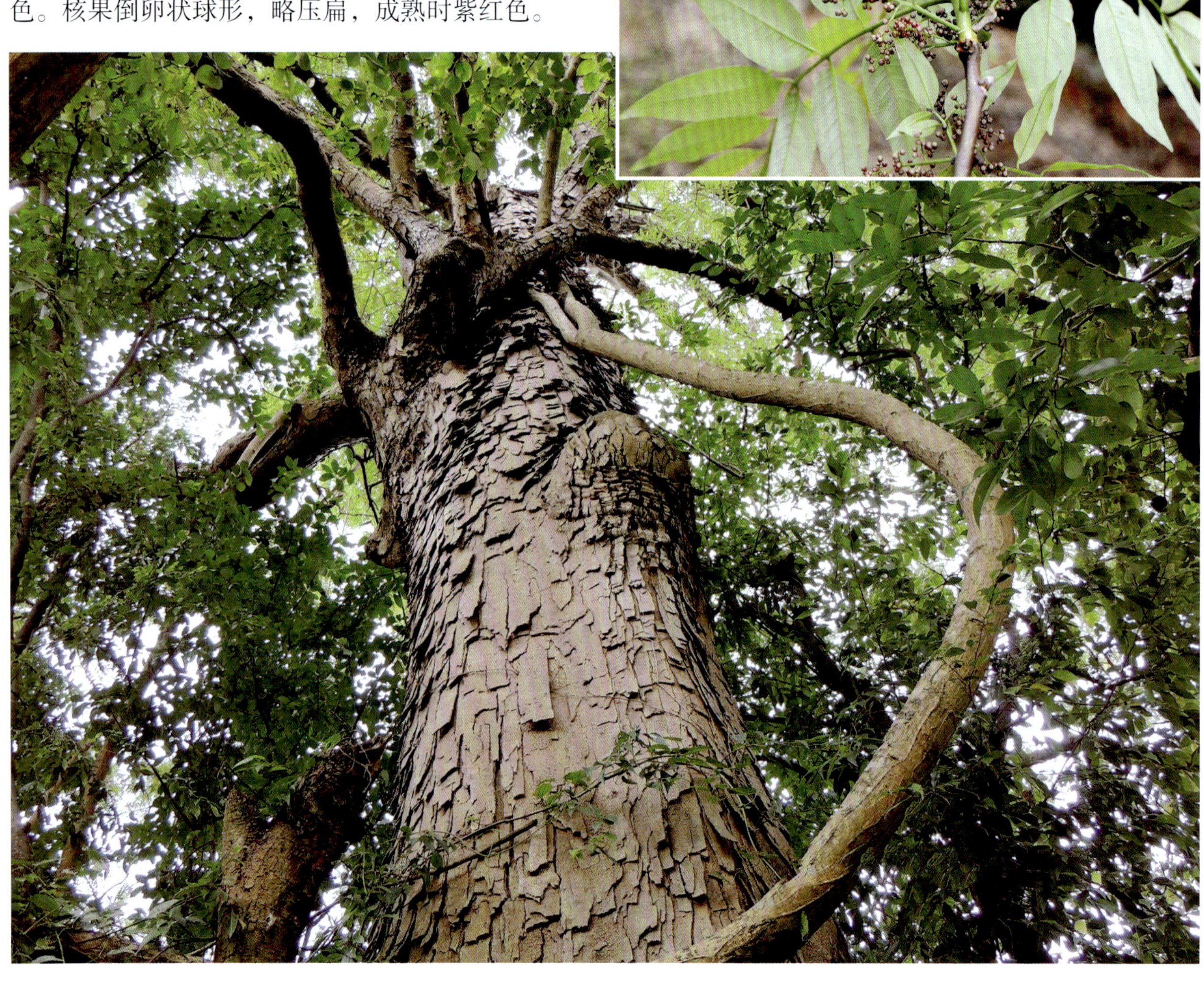

无患子科 Sapindaceae

复羽叶栾树
Koelreuteria bipinnata

乔木，高可达 20m。叶平展，二回羽状复叶；叶轴和叶柄向轴面常有一纵行皱曲的短柔毛；小叶 9～17，互生，很少对生，纸质或近革质，斜卵形。圆锥花序大型，长 35～70cm，分枝开展，与花梗同被短柔毛；萼 5 裂达中部，裂片阔卵状三角形或长圆形，有短而硬的缘毛及流苏状腺体，边缘呈啮蚀状；花瓣 4，长圆状披针形。蒴果椭圆形或近球形，具 3 棱，淡紫红色，老熟时褐色，顶端钝或圆，有小凸尖；果瓣椭圆形至近圆形，外面具网状脉纹，内面有光泽。种子近球形。花果期 7～10 月。

生于海拔 400～1000m 的山地疏林中。分布于广东、广西、贵州、湖北、湖南、四川、云南。

嫩芽可食用；花可泡水。

芸香科 Rutaceae

柠檬

Citrus × limon

小乔木。枝少刺或近于无刺。嫩叶及花芽暗紫红色，翼叶宽或狭，或仅具痕迹，叶片厚纸质，卵形或椭圆形，顶部通常短尖，边缘有明显钝裂齿。单花腋生或少花簇生；花萼杯状，4～5浅齿裂；花瓣外面淡紫红色，内面白色；常有单性花，即雄蕊发育，雌蕊退化；雄蕊20～25枚或更多。果椭圆形或卵形，两端狭，顶部通常较狭长并有乳头状突尖；果皮厚，通常粗糙，柠檬黄色，难剥离，富含柠檬香气的油点；瓢囊8～11瓣，汁胞淡黄色；果汁酸至甚酸。种子小，卵形，端尖；种皮平滑；子叶乳白色，通常单或兼有多胚。花果期4～11月。

生于海拔约500m的林下或灌丛。分布于长江以南。

果实可食用或用作调味品。

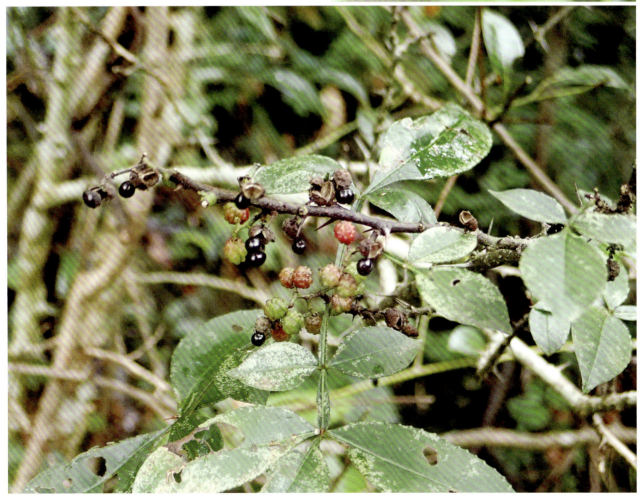

竹叶花椒
Zanthoxylum armatum

灌木，高 3～5m。茎枝多锐刺，刺基部宽而扁，红褐色，小枝上的刺劲直，水平抽出。小叶背面中脉上常有小刺，仅叶背基部中脉两侧有丛状柔毛；叶有小叶 3～9、稀 11；小叶对生，通常披针形，两端尖，有时基部宽楔形，干后叶缘略向背卷，叶面稍粗皱；或为椭圆形，叶缘有甚小且疏离的裂齿，或近于全缘。花序近腋生或同时生于侧枝之顶，有花 30 朵以内；花被片 6～8，形状与大小几相同。果紫红色，有微凸起少数油点。花果期 4～10 月。

生于海拔 1000m 以下的林下或灌丛。分布于安徽、福建、甘肃、广东、广西、贵州、河南、湖北、湖南、江苏、江西、陕西、山东、山西、四川、台湾、西藏、云南、浙江。

嫩茎可食用；果实作调味料及食物的防腐剂。根、茎、叶、果及种子均可药用。

花椒

Zanthoxylum bungeanum

落叶灌木或小乔木，高 3～7m。茎上刺常早落。枝有短刺。叶有小叶 5～13，叶轴常有甚狭窄的叶翼；小叶对生，无柄，卵形、椭圆形，稀披针形，位于叶轴顶部的较大，近基部的有时圆形，叶缘有细裂齿，齿缝有油点，其余无或散生肉眼可见的油点，叶背基部中脉两侧有丛毛或小叶两面均被柔毛，中脉在叶面微凹陷，叶背干后常有红褐色斑纹。花序顶生或生于侧枝之顶，花序轴及花梗密被短柔毛或无毛；花被片 6～8，黄绿色。果紫红色，散生微凸起的油点，顶端有甚短的芒尖或无。花果期 4～10 月。

生于海拔 1000m 以下的坡地。分布于安徽、福建、甘肃、广西、贵州、河北、河南、湖北、湖南、江苏、江西、辽宁、宁夏、青海、陕西、山东、山西、四川、新疆、西藏、云南、浙江。

嫩叶可食用；种子供榨油；果皮用作调味品，亦可药用。

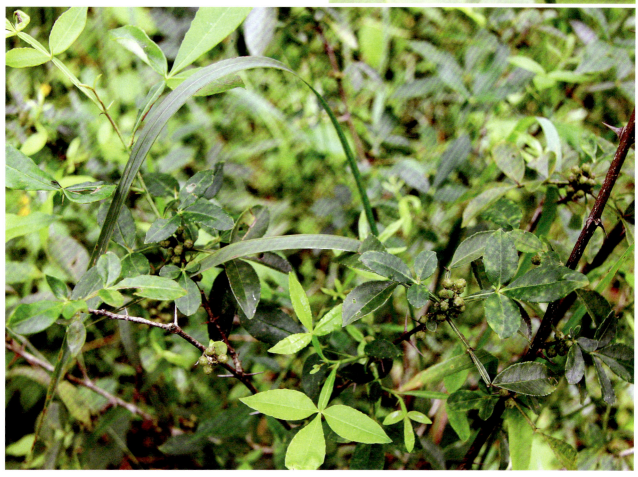

楝科 Meliaceae

香椿 椿芽

Toona sinensis

乔木，高可达40m。树皮粗糙，深褐色，片状脱落。叶具长柄，偶数羽状复叶；小叶16～20，对生或互生，纸质，卵状披针形或卵状长椭圆形，边全缘或有疏离的小锯齿，两面均无毛，无斑点，侧脉每边18～24条。圆锥花序与叶等长或更长，小聚伞花序生于短的小枝上，多花；花萼5齿裂或浅波状，外面被柔毛，且有睫毛；花瓣5，白色，长圆形，先端钝；雄蕊10，其中5枚能育，5枚退化；子房圆锥形，有5条细沟纹，无毛，每室胚珠8，柱头盘状。蒴果狭椭圆形，有小而苍白色的皮孔，果瓣薄。种子基部通常钝，上端有膜质的长翅。花果期6～12月。

生于海拔300～1000m的山地杂木林或疏林中。分布于安徽、福建、甘肃、广东、广西、贵州、河北、河南、湖北、湖南、江苏、江西、陕西、四川、西藏、云南、浙江。

嫩芽可食用，营养丰富。

锦葵科 Malvaceae

黄蜀葵
Abelmoschus manihot

一年生或多年生草本，高1～2m。叶掌状5～9深裂，裂片长圆状披针形，具粗钝锯齿，两面疏被长硬毛；叶柄疏被长硬毛；托叶披针形。花单生于枝端叶腋；小苞片4～5，卵状披针形，疏被长硬毛；萼佛焰苞状，5裂，近全缘，较长于小苞片，被柔毛，果时脱落；花大，淡黄色，内面基部紫色；雄蕊柱长1.5～2cm，花药近无柄；柱头紫黑色，匙状盘形。蒴果卵状椭圆形，被硬毛。种子多数，肾形，被柔毛组成的条纹多条。花期8～10月。

生于海拔800～1000m的田边或沟旁灌丛间。分布于福建、广东、广西、贵州、河北、河南、湖北、湖南、陕西、山东、四川、云南。

嫩茎秆及幼果可食用。种子、根和花可药用。

野西瓜苗 小秋葵

Hibiscus trionum

一年生草本，高25～70cm。茎柔软，被白色星状粗毛。叶二型，下部的叶圆形，不分裂，上部的叶掌状3～5深裂；托叶线形，被星状粗硬毛。花单生于叶腋，被星状粗硬毛；小苞片12，线形，被粗长硬毛，基部合生；花萼钟形，淡绿色，被粗长硬毛或星状粗长硬毛，裂片5，膜质，三角形；花淡黄色，内面基部紫色；花瓣5，倒卵形；花药黄色；花柱枝5，无毛。蒴果长圆状球形，果片5，果皮薄，黑色。种子肾形，黑色，具腺状突起。花期7～10月。

生于海拔400～800m的路边、丘陵或田埂。全国各地均有分布。

嫩茎叶可煎煮食用，亦可外敷药用。

十字花科 Brassicaceae

荠 荠菜

Capsella bursa-pastoris

一年生或二年生草本，高 10～50cm。茎直立，单一或从下部分枝。基生叶丛生呈莲座状，大头羽状分裂，顶裂片卵形至长圆形，侧裂片 3～8 对，长圆形至卵形；茎生叶窄披针形或披针形，基部箭形，抱茎，边缘有缺刻或锯齿。总状花序顶生及腋生；萼片长圆形；花瓣白色，卵形，有短爪。短角果倒三角形或倒心状三角形，扁平，无毛，顶端微凹，裂瓣具网脉。种子 2 行，长椭圆形，浅褐色。花果期 4～6 月。

生于低海拔的山坡、田边及路旁。全国各地均有分布。

茎叶可食用。

碎米荠
Cardamine hirsuta

一年生草本，高15～35cm。茎直立或斜升，分枝或不分枝。基生叶具叶柄，有小叶2～5对，顶生小叶肾形或肾圆形，边缘有3～5圆齿；侧生小叶卵形或圆形，较顶生的形小，基部楔形而两侧稍歪斜，边缘有2～3圆齿，有或无小叶柄；茎生叶具短柄，有小叶3～6对。总状花序生于枝顶；萼片绿色或淡紫色，长椭圆形，边缘膜质，外面有疏毛；花瓣白色，倒卵形，顶端钝，向基部渐狭；柱头扁球形。长角果线形，稍扁，无毛。种子椭圆形，顶端有的具明显的翅。花果期2～6月。

生于海拔1000m以下的山坡、路旁、荒地及耕地的草丛中。全国各地均有分布。

全草可食用和药用。

独行菜
Lepidium apetalum

一年生或二年生草本，高 5～30cm。茎直立，有分枝。基生叶椭圆形，披针形或倒披针形，一回羽状浅裂或深裂；茎上部叶线形，有疏齿或全缘。总状花序在果期可延长至 5cm；萼片早落，卵形，外面有柔毛；花瓣不存或退化成丝状，比萼片短；雄蕊 2 或 4。短角果近圆形或宽椭圆形，扁平，顶端微缺，上部有短翅；果梗弧形。种子椭圆形，平滑，棕红色。花果期 4～9 月。

生于海拔 400～1000m 的山坡、山沟、路旁及村庄附近。分布于安徽、甘肃、贵州、河北、黑龙江、河南、湖北、江苏、吉林、辽宁、内蒙古、宁夏、青海、陕西、山东、山西、四川、新疆、西藏、云南、浙江。

嫩叶作野菜食用。全草及种子供药用。

无瓣蔊菜
Rorippa dubia

一年生草本，高10～30cm，植株较柔弱，光滑无毛，直立或呈铺散状分枝，表面具纵沟。单叶互生，基生叶与茎下部叶倒卵形或倒卵状披针形，多数呈大头羽状分裂，顶裂片大，边缘具不规则锯齿，下部具1～2对小裂片，稀不裂，叶质薄；茎上部叶卵状披针形或长圆形，边缘具波状齿，上下部叶形及大小均多变化。总状花序顶生或侧生；花小，多数，具细花梗；萼片4，直立，披针形至线形，边缘膜质；无花瓣（偶有不完全花瓣）。长角果线形，细而直；果梗纤细，斜升或近水平开展。种子每室1行，多数，细小。花果期全年。

生于海拔500～1000m的路旁、山谷、河边湿地、园圃及田野较潮湿处。分布于安徽、福建、甘肃、广东、广西、贵州、海南、河北、河南、湖北、湖南、江苏、江西、陕西、四川、西藏、云南、浙江。

嫩茎叶可作蔬菜食用。

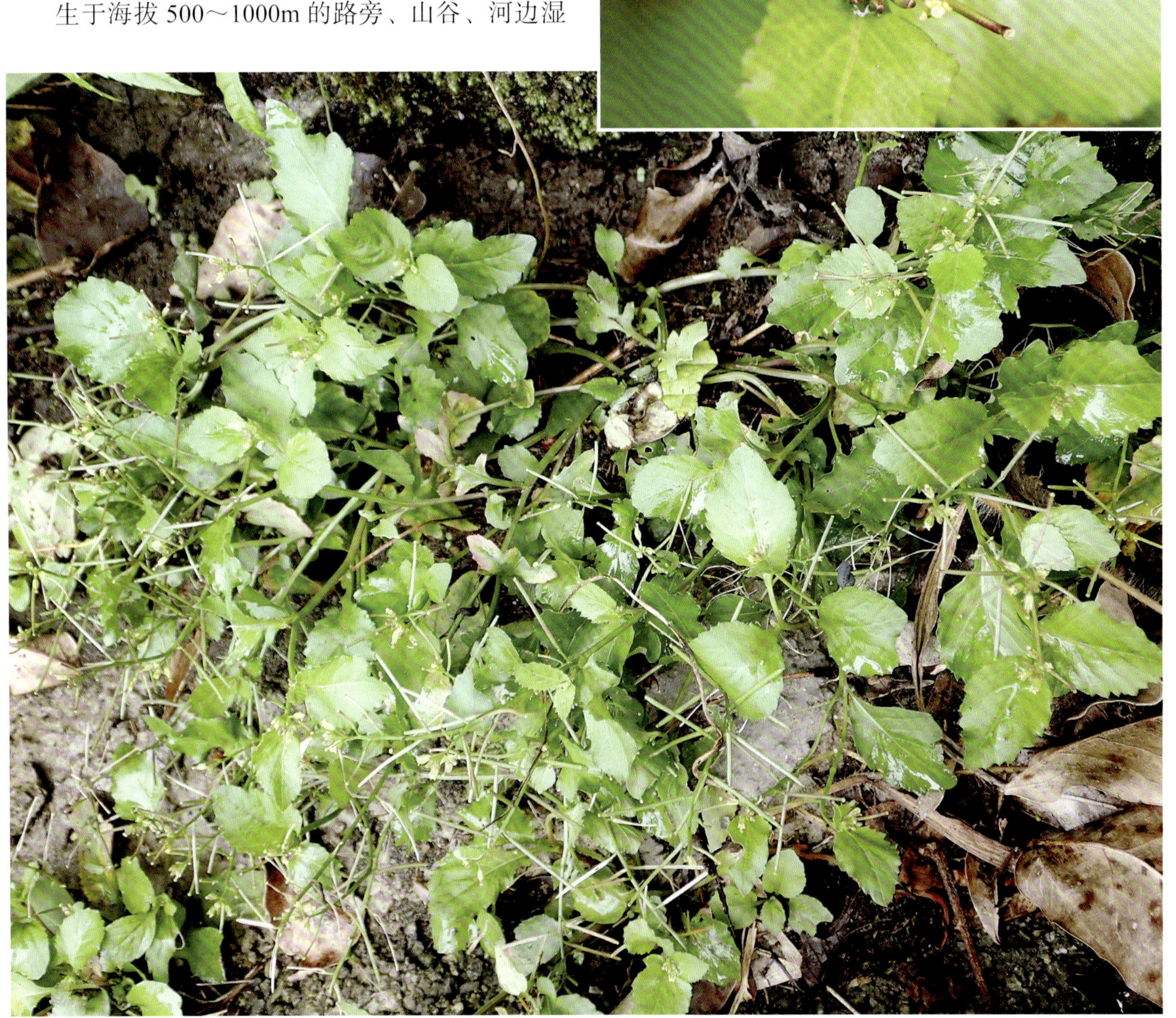

蔊菜

Rorippa indica

一年生或二年生草本，高20～40cm。茎单一或分枝，表面具纵沟。叶互生；基生叶及茎下部叶具长柄，叶形多变化，通常大头羽状分裂，顶端裂片大，卵状披针形，边缘具不整齐牙齿，侧裂片1～5对；茎上部叶片宽披针形或匙形，边缘具疏齿，具短柄或基部耳状抱茎。总状花序顶生或侧生；花小，多数，具细花梗；萼片4，卵状长圆形；花瓣4，黄色，匙形，基部渐狭成短爪，与萼片近等长；雄蕊6，2枚稍短。长角果线状圆柱形，短而粗，直立或稍内弯，成熟时果瓣隆起。种子每室2行，多数，具细网纹。花果期4～8月。

生于海拔350～1050m的路旁、田边、园圃、河边、屋边墙脚及山坡路旁等较潮湿处。分布于安徽、福建、甘肃、广东、贵州、海南、河北、河南、湖北、湖南、江苏、江西、陕西、山东、四川、台湾、西藏、云南、浙江。

嫩茎叶可作蔬菜食用。

蓼科 Polygonaceae

金荞麦
Fagopyrum dibotrys

多年生草本，高 50～100cm。根状茎木质化，黑褐色；茎分枝，具纵棱，无毛。叶三角形，顶端渐尖，基部近戟形，边缘全缘，两面具乳头状突起或被柔毛；托叶鞘筒状，膜质，褐色。花序伞房状，顶生或腋生；苞片卵状披针形，顶端尖，边缘膜质，每苞内具 2～4 花；花梗中部具关节，与苞片近等长；花被 5 深裂，白色，花被片长椭圆形；雄蕊 8，比花被短；花柱 3，柱头头状。瘦果宽卵形，具 3 锐棱。花果期 4～11 月。

生于海拔 350～1100m 的山谷湿地、山坡灌丛。分布于安徽、福建、甘肃、广东、广西、贵州、河南、湖北、湖南、江苏、江西、陕西、四川、西藏、云南、浙江。

果实可作粮食。块根药用，可煎煮或外敷。

何首乌 多花蓼、紫乌藤、夜交藤

Fallopia multiflora

多年生缠绕草本，长 2～4m。块根肥厚，长椭圆形，黑褐色。茎多分枝，具纵棱，无毛，微粗糙，下部木质化。叶卵形或长卵形，顶端渐尖，基部心形或近心形，边缘全缘；托叶鞘膜质，偏斜，无毛。花序圆锥状，顶生或腋生，长 10～20cm，分枝开展；苞片三角状卵形，具小突起，顶端尖，每苞内具 2～4 花；花被 5 深裂，白色或淡绿色，花被片椭圆形，外面 3 片较大背部具翅，果时增大；雄蕊 8；花柱 3，柱头头状。瘦果卵形，具 3 棱，黑褐色，有光泽，包于宿存花被内。花果期 6～11 月。

生于海拔 400～1000m 的山谷灌丛、山坡林下、沟边石隙。分布于安徽、福建、甘肃、广东、广西、贵州、海南、河北、黑龙江、河南、湖北、湖南、江苏、江西、吉林、辽宁、青海、陕西、山东、四川、台湾、云南、浙江。

块根可食用和药用，为珍贵药材。

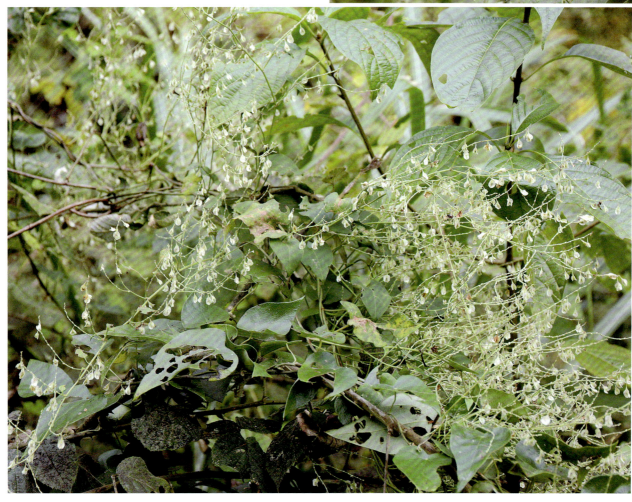

火炭母

Polygonum chinense

多年生草本，高 70～100cm。根状茎粗壮；茎直立，通常无毛，具纵棱，多分枝，斜上。叶卵形或长卵形，顶端短渐尖，基部截形或宽心形，边缘全缘，两面无毛，有时背面沿叶脉疏生短柔毛，下部叶具叶柄，叶柄通常基部具叶耳，上部叶近无柄或抱茎；托叶鞘膜质，无毛，具脉纹。花序头状，通常数个排成圆锥状，顶生或腋生；苞片宽卵形，每苞内具 1～3 花；花被 5 深裂，白色或淡红色，裂片卵形，果时增大，呈肉质，蓝黑色；雄蕊 8，比花被短；花柱 3，中下部合生。瘦果宽卵形，具 3 棱，黑色，无光泽，包于宿存的花被。花果期 7～12 月。

生于海拔 350～1000m 的山谷湿地、山坡草地。分布于安徽、福建、甘肃、广东、广西、贵州、海南、湖北、湖南、江苏、江西、陕西、四川、云南、西藏、台湾、浙江。

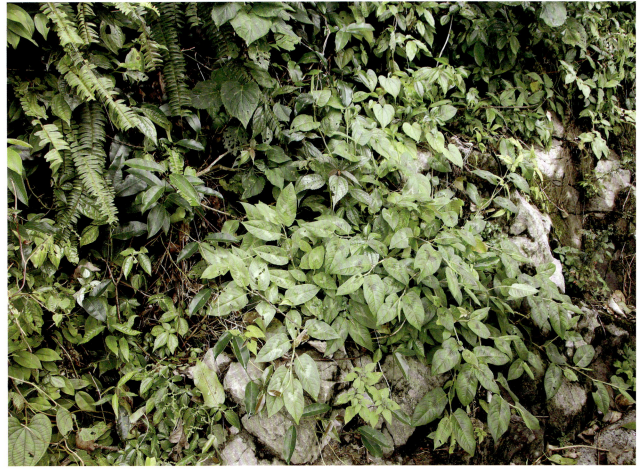

地上部分可食用和药用。

马蓼　酸模叶蓼

Polygonum lapathifolium

一年生草本，高 40～90cm。茎直立，具分枝，无毛，节部膨大。叶披针形或宽披针形，顶端渐尖或急尖，基部楔形；托叶鞘筒状，膜质，淡褐色，无毛，具多数脉，顶端截形，无缘毛，稀具短缘毛。总状花序呈穗状，顶生或腋生，近直立；花紧密，通常由数个花穗再组成圆锥状，花序梗被腺体；苞片漏斗状，边缘具稀疏短缘毛；花被淡红色或白色，4（5）深裂，花被片椭圆形，外面两面较大，脉粗壮，顶端叉分，外弯；雄蕊通常 6。瘦果宽卵形，双凹，黑褐色，有光泽，包于宿存花被内。花果期 6～9 月。

生于海拔 350～1100m 的田边、路旁、水边、荒地或沟边湿地。分布于安徽、福建、甘肃、广东、广西、贵州、海南、河北、黑龙江、河南、湖北、湖南、江苏、江西、吉林、辽宁、内蒙古、宁夏、青海、陕西、山东、山西、四川、台湾、新疆、西藏、云南、浙江。

叶片花期采摘，晒干可食，可煎煮。

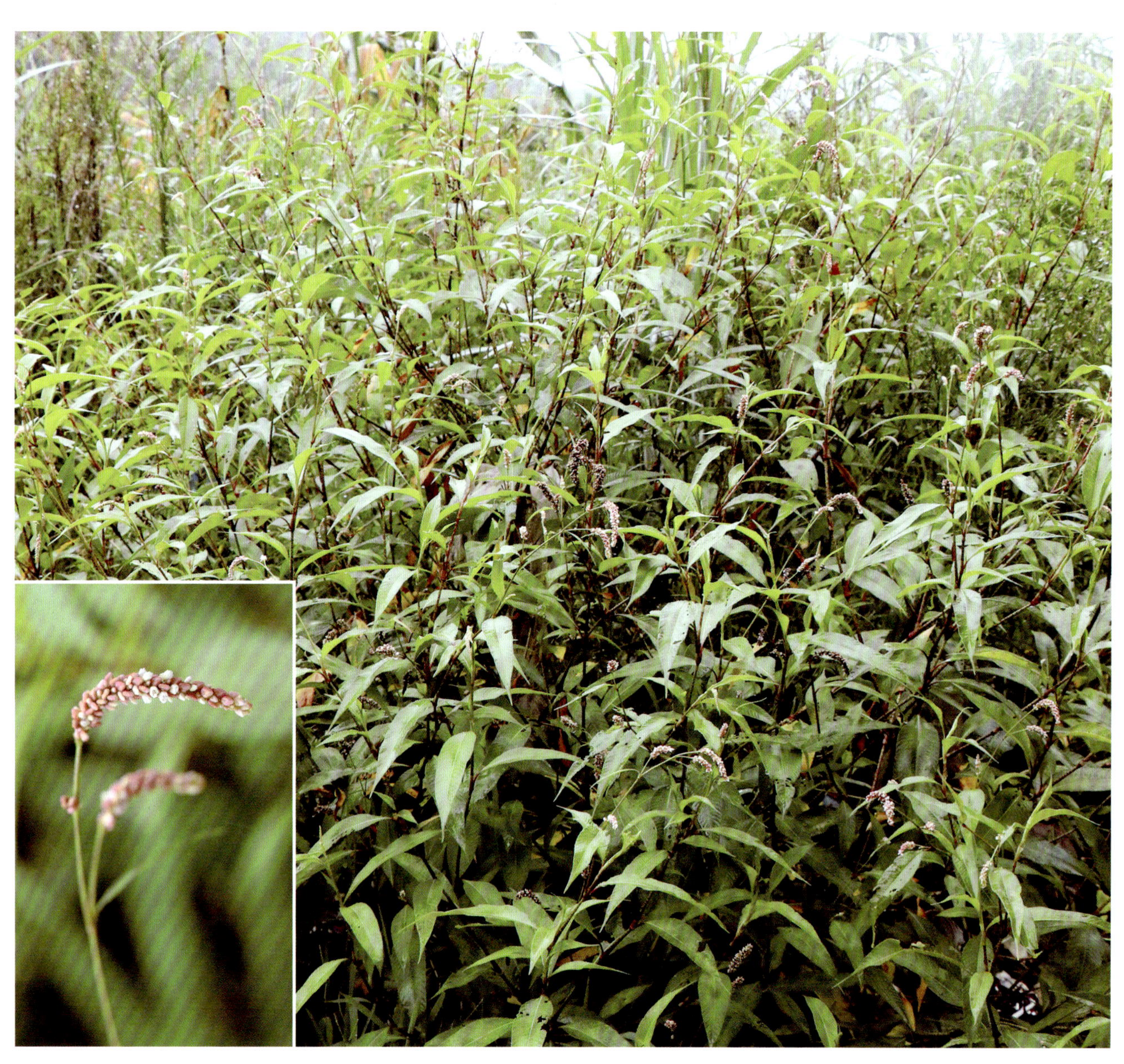

杠板归

Polygonum perfoliatum

一年生草本，长 1～2m。茎攀援，多分枝，具纵棱，沿棱具稀疏的倒生皮刺。叶三角形，常顶端钝或微尖，基部截形或微心形，薄纸质，背面沿叶脉疏生皮刺；叶柄具倒生皮刺，盾状着生于叶片的近基部；托叶鞘叶状。总状花序呈短穗状，不分枝顶生或腋生；苞片卵圆形，每苞片内具花 2～4 朵；花被 5 深裂，白色或淡红色，花被片椭圆形，深蓝色；雄蕊 8；花柱 3，中上部合生，柱头头状。瘦果球形，黑色，有光泽，包于宿存花被内。花果期 6～10 月。

生于海拔 350～1100m 的田边、路旁、山谷湿地。分布于安徽、福建、甘肃、广东、广西、贵州、海南、河北、黑龙江、河南、湖北、湖南、江苏、江西、吉林、辽宁、内蒙古、陕西、山东、山西、四川、台湾、西藏、云南、浙江。

全草可食用。

皱叶酸模
Rumex crispus

多年生草本，高 50～120cm。茎不分枝或上部分枝，具浅沟槽。基生叶披针形或狭披针形，顶端急尖，基部楔形，边缘皱波状；茎生叶较小狭披针形；托叶鞘膜质，易破裂。花序狭圆锥状，花序分枝近直立或上升；花两性，淡绿色；花梗细，中下部具关节，关节果时稍膨大；花被片 6，外花被片椭圆形，内花被片果时增大，宽卵形，网脉明显，顶端稍钝，基部近截形，边缘近全缘，全部具小瘤，稀 1 片具小瘤，小瘤卵形。瘦果卵形，顶端急尖，具 3 锐棱，暗褐色，有光泽。花果期 5～7 月。

生于海拔 350～1000m 的河滩、荒田、沟边湿地。分布于甘肃、贵州、海南、黑龙江、河北、河南、湖北、湖南、吉林、辽宁、内蒙古、宁夏、青海、陕西、山东、山西、四川、台湾、新疆、云南、浙江。

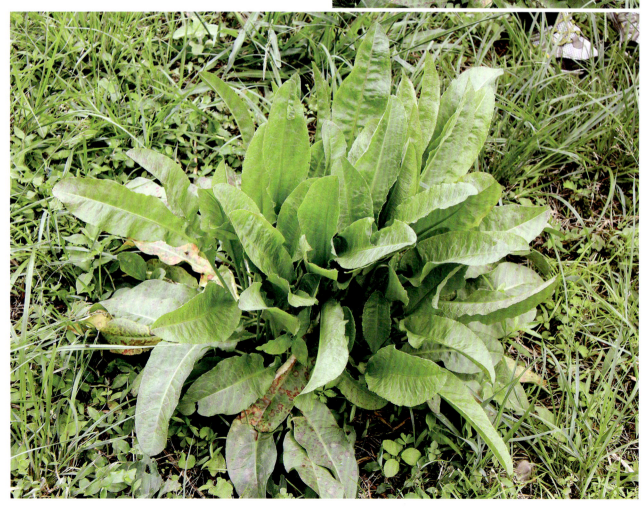

全草可食用。

齿果酸模
Rumex dentatus

一年生草本，高 30～70cm。茎自基部分枝，枝斜上，具浅沟槽。茎下部叶长圆形或长椭圆形，顶端圆钝或急尖，基部圆形或近心形，边缘浅波状，茎生叶较小。花序总状，顶生和腋生；花梗中下部具关节；外花被片椭圆形，长约 2mm，内花被片果时增大，三角状卵形，顶端急尖，基部近圆形，网纹明显，全部具小瘤，边缘每侧具 2～4 个刺状齿。瘦果卵形，具 3 锐棱，两端尖，黄褐色，有光泽。花果期 5～7 月。

生于海拔 400～1000m 的沟边湿地、山坡路旁。分布于安徽、福建、甘肃、贵州、河北、河南、湖北、湖南、江苏、江西、内蒙古、宁夏、青海、陕西、山东、山西、四川、台湾、新疆、云南、浙江。

嫩叶可食用，鲜食或晒干。根叶可药用。

巴天酸模

Rumex patientia

多年生草本，高 90～150cm。茎上部分枝，具深沟槽。基生叶长圆形或长圆状披针形，顶端急尖，基部圆形或近心形，边缘波状，叶柄粗壮；茎上部叶披针形，较小，具短叶柄或近无柄；托叶鞘筒状，膜质，易破裂。花序圆锥状，大型；花两性；花梗细弱，中下部具关节；关节果时稍膨大，外花被片长圆形，内花被片果时增大，宽心形，顶端圆钝，基部深心形，边缘近全缘，具网脉，全部或一部具小瘤；小瘤长卵形，通常不能全部发育。瘦果卵形，具 3 锐棱，顶端渐尖，褐色，有光泽。花果期 5～7 月。

生于海拔 400～4000m 的沟边湿地、水边。分布于甘肃、河北、黑龙江、河南、湖北、湖南、吉林、辽宁、内蒙古、宁夏、青海、陕西、山东、山西、四川、新疆、西藏。

嫩叶可食用，味酸，焯水后凉拌。

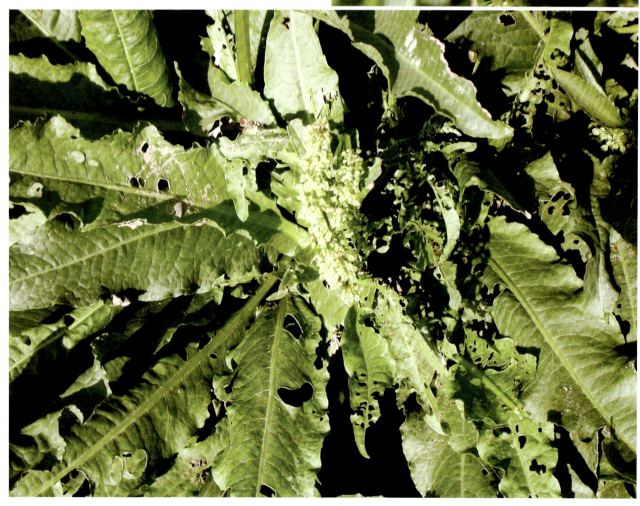

石竹科 Caryophyllaceae

繁缕 鸡儿肠

Stellaria media

一年生或二年生草本，高 10～30cm。茎俯仰或上升，基部多少分枝，常带淡紫红色，被 1～2 列毛。叶片宽卵形或卵形，顶端渐尖或急尖，基部渐狭或近心形，全缘；基生叶具长柄，上部叶常无柄或具短柄。疏聚伞花序顶生；萼片 5，卵状披针形；花瓣白色，长椭圆形，深 2 裂达基部，裂片近线形；雄蕊 3～5，短于花瓣；花柱 3，线形。蒴果卵形，顶端 6 裂，具多数种子。种子卵圆形至近圆形，稍扁，红褐色，表面具半球形瘤状凸起。花果期 6～8 月。

生于海拔 400～1100m 的路边草丛。分布于安徽、福建、甘肃、广东、广西、贵州、河北、河南、湖北、湖南、江苏、江西、吉林、辽宁、内蒙古、宁夏、青海、陕西、山东、山西、四川、台湾、西藏、云南、浙江。

嫩苗可食用。茎叶、种子可药用。

苋科 Amaranthaceae

牛膝

Achyranthes bidentata

多年生草本，高 70～120cm。茎有棱角或四方形，分枝对生。叶片椭圆形或椭圆状披针形，少数倒披针形。穗状花序顶生及腋生，花期后反折；花多数，密生；苞片宽卵形，顶端长渐尖，小苞片刺状，顶端弯曲，基部两侧各有 1 卵形膜质小裂片；花被片披针形，光亮，顶端急尖，有 1 中脉；退化雄蕊顶端平圆，稍有缺刻状细锯齿。胞果矩圆形，黄褐色，光滑。种子矩圆形，黄褐色。花果期 7～10 月。

生于海拔 400～1050m 的山坡林下。除东北外全国各地均有分布。

嫩茎叶可食。根入药。

喜旱莲子草 革命草

Alternanthera philoxeroides

多年生草本。茎基部匍匐，上部上升，管状，不明显4棱，长55～120cm，具分枝，幼茎及叶腋有白色或锈色柔毛，茎老时无毛，仅在两侧纵沟内保留。叶片矩圆形、矩圆状倒卵形或倒卵状披针形，顶端急尖或圆钝，具短尖，基部渐狭，全缘，两面无毛或腹面有贴生毛及缘毛，背面有颗粒状突起。花密生，成具总花梗的头状花序，单生在叶腋，球形；苞片及小苞片白色，顶端渐尖，具1脉；花被片矩圆形，白色，光亮，无毛，顶端急尖，背部侧扁。花期5～10月。

生于低海拔的池沼、田和水沟内。分布于北京、福建、贵州、广西、湖南、江苏、江西、浙江。

嫩茎叶可食用，鲜食或晒干煎煮；亦可药用，具有清热解毒的功效。

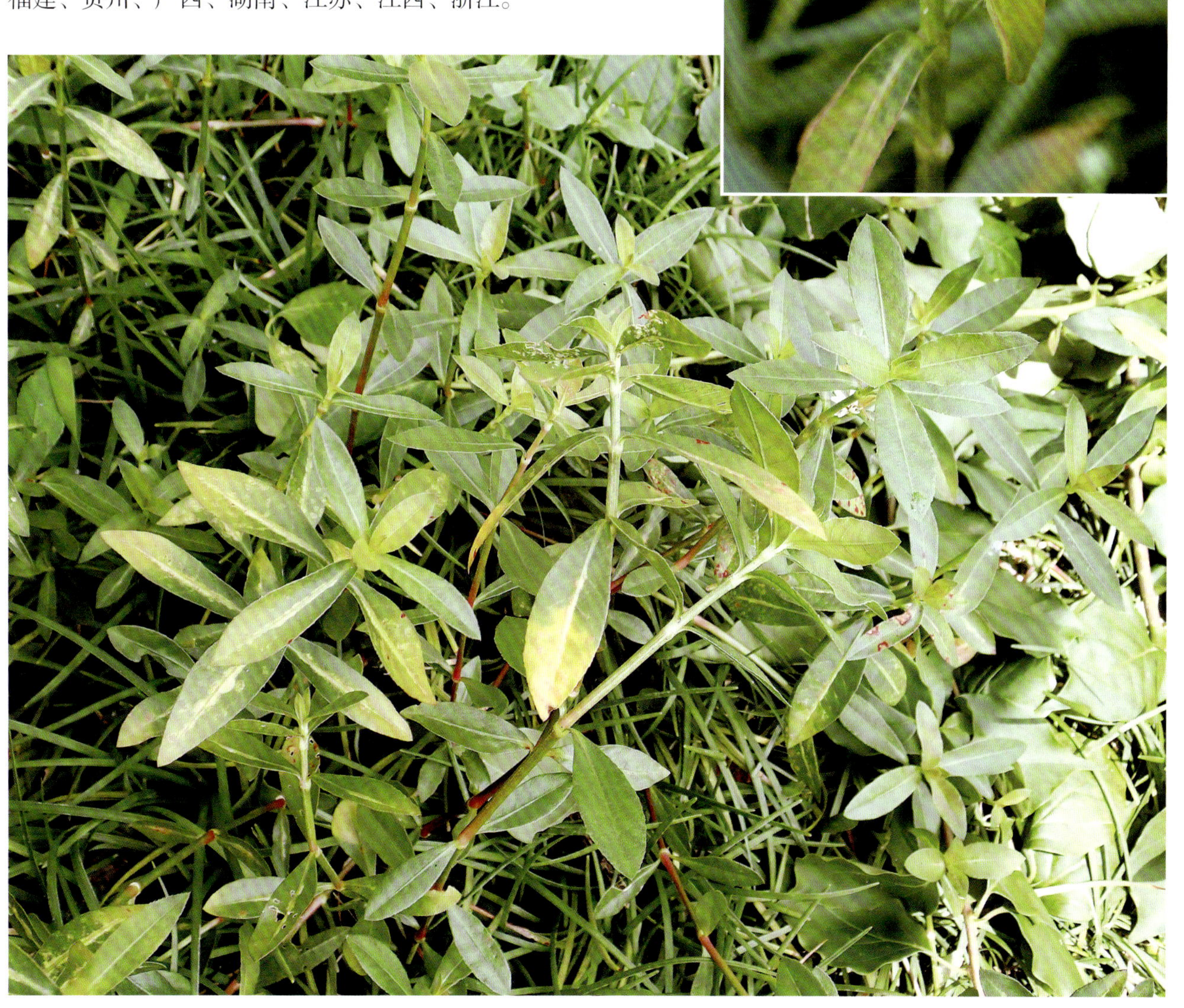

莲子草

Alternanthera sessilis

多年生草本，高 10～45cm。茎上升或匍匐，绿色或稍带紫色，有条纹及纵沟，沟内有柔毛，在节处有一行横生柔毛。叶片形状及大小有变化，条状披针形、矩圆形、倒卵形、卵状矩圆形，顶端急尖、圆形或圆钝，基部渐狭，全缘或有不显明锯齿。头状花序 1～4，腋生，无总花梗，初为球形，后渐成圆柱形；花密生，花轴密生白色柔毛；苞片及小苞片白色，顶端短渐尖；花被片卵形，白色，顶端渐尖或急尖，无毛，具 1 脉。胞果倒心形，侧扁，翅状，深棕色，包在宿存花被片内。种子卵球形。花果期 5～9 月。

生于低海拔村庄附近的草坡、水沟、田边或沼泽。分布于安徽、福建、广东、广西、贵州、湖北、湖南、江苏、江西、四川、台湾、云南、浙江。

嫩叶可作为野菜食用，也可作饲料。

凹头苋
Amaranthus blitum

一年生草本，高 10～30cm。叶片卵形或菱状卵形，顶端凹缺，有 1 芒尖，或微小不显，基部宽楔形，全缘或稍呈波状。花成腋生花簇，直至下部叶的腋部，生在茎端和枝端者成直立穗状花序或圆锥花序；苞片及小苞片矩圆形；花被片矩圆形或披针形，淡绿色，顶端急尖，边缘内曲，背部有 1 隆起中脉；柱头 3 或 2，果熟时脱落。胞果扁卵形，不裂。种子环形，黑色至黑褐色，边缘具环状边。花果期 7～9 月。

生于海拔 400～800m 的田野、农家附近的杂草地上。分布于安徽、福建、甘肃、广东、广西、贵州、海南、河北、黑龙江、河南、湖北、湖南、江苏、江西、吉林、辽宁、陕西、山东、山西、四川、台湾、新疆、云南、浙江。

茎叶可食，亦可作猪饲料。全草入药，具有止痛的功效。

老鸦谷

Amaranthus cruentus

一年生草本。茎直立，绿色，无毛。叶片菱状卵形或长圆状披针形，无毛，基部楔形，边缘全缘或波状，先端渐尖或锐尖。圆锥花序顶生及腋生，直立，或以后下垂，由多数穗状花序形成，顶生花穗较侧生者长；苞片及小苞片钻形，白色，先端具芒尖；花被片白色，有1淡绿色细中脉，先端急尖或尖凹，具小突尖。胞果扁卵形，环状横裂，包裹在宿存花被片内。种子近球形，棕色或黑色。花果期6～10月。

生于海拔400～1050m的草丛或路边。全国各地均有分布。

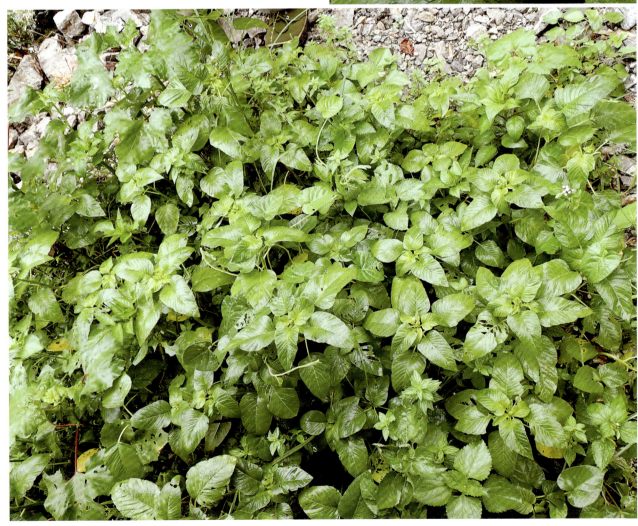

茎叶可作蔬菜食用。

绿穗苋
Amaranthus hybridus

一年生草本，高30～50cm。茎直立，分枝，上部近弯曲，有开展柔毛。叶片卵形或菱状卵形，顶端急尖或微凹，具凸尖，基部楔形，边缘波状或有不明显锯齿，微粗糙，腹面近无毛，背面疏生柔毛。圆锥花序顶生，细长，上升稍弯曲，有分枝，由穗状花序形成，中间花穗最长；苞片及小苞片钻状披针形，中脉坚硬，绿色，向前伸出成尖芒；花被片矩圆状披针形，顶端锐尖，具凸尖，中脉绿色；雄蕊略和花被片等长或稍长；柱头3。胞果卵形，环状横裂，超出宿存花被片。种子近球形，黑色。花果期7～10月。

生于海拔400～1100m的田野、开旷地或山坡。分布于安徽、福建、贵州、河南、湖北、湖南、江苏、江西、陕西、四川、浙江。

叶可食用，营养丰富。

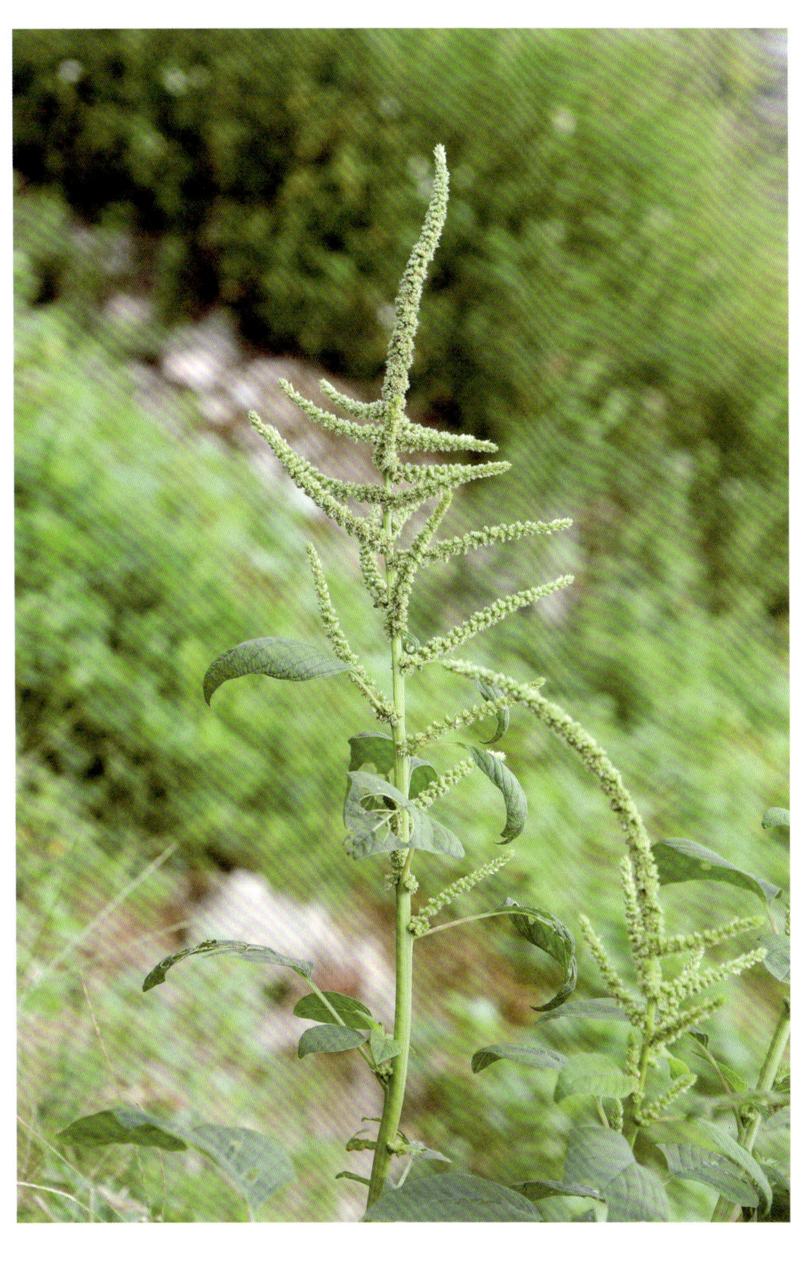

反枝苋

Amaranthus retroflexus

一年生草本，高 20～80cm。茎直立，粗壮，单一或分枝，淡绿色，有时具带紫色条纹，稍具钝棱，密生短柔毛。叶片菱状卵形或椭圆状卵形，顶端锐尖或尖凹，有小凸尖，基部楔形，全缘或波状缘，两面及边缘有柔毛，背面毛较密。圆锥花序顶生及腋生，直立，由多数穗状花序形成，顶生花穗较侧生者长；苞片及小苞片钻形，白色，背面有 1 龙骨状突起；花被片矩圆形或矩圆状倒卵形，薄膜质，白色，有 1 淡绿色细中脉，顶端急尖或尖凹，具凸尖；雄蕊比花被片稍长；柱头 3，有时 2。胞果扁卵形，环状横裂，薄膜质，淡绿色，包裹在宿存花被片内。种子近球形，棕色或黑色，边缘钝。花果期 7～9 月。

生于低海拔的田园内、农地旁、路旁。分布于甘肃、贵州、河北、黑龙江、吉林、辽宁、内蒙古、宁夏、陕西、山东、山西、新疆。

嫩茎叶为野菜可食用。种子可药用。

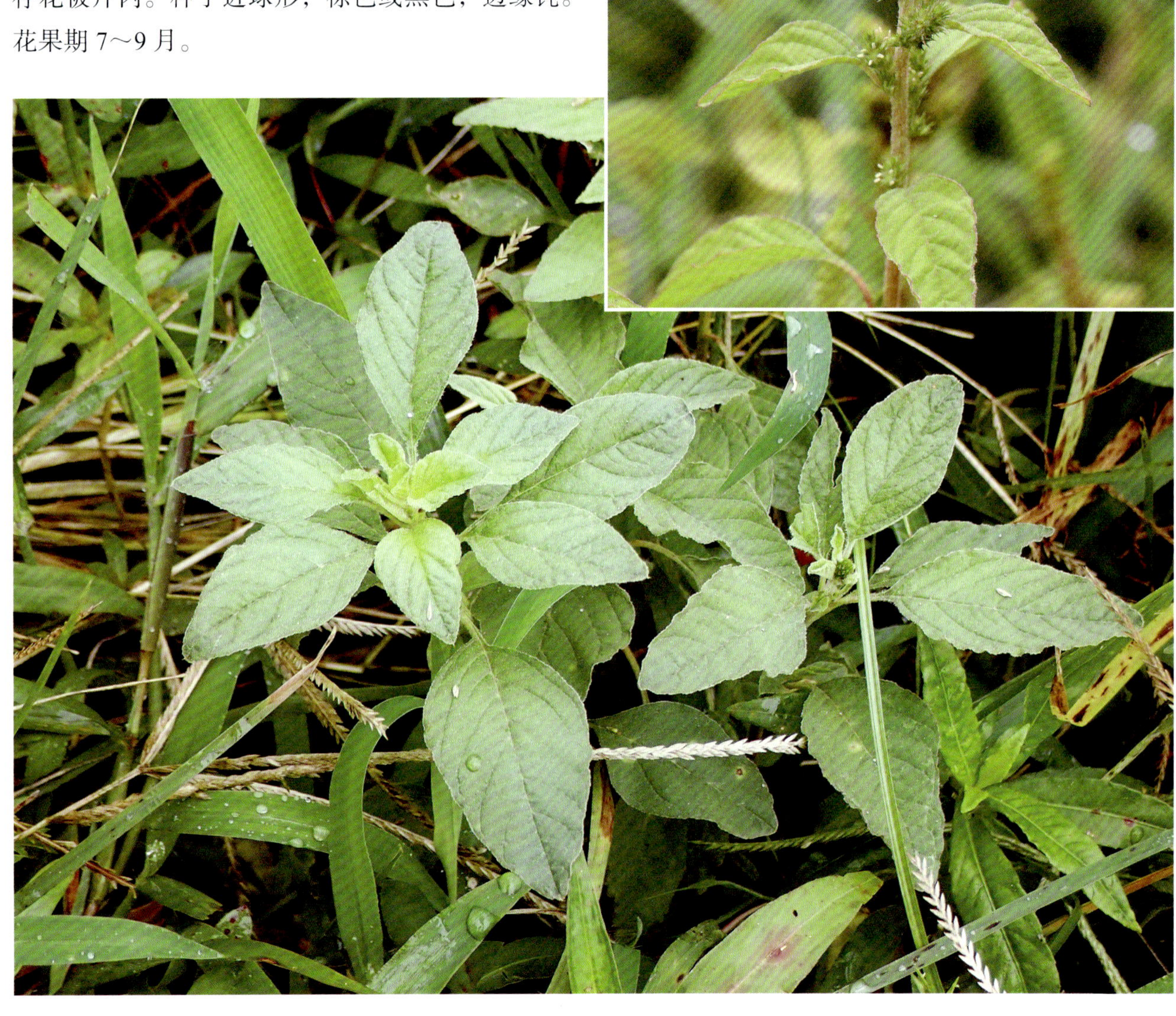

皱果苋

Amaranthus viridis

一年生草本，高 40～80cm。叶片卵形、卵状矩圆形或卵状椭圆形，顶端尖凹或凹缺，少数圆钝，有 1 芒尖，基部宽楔形或近截形，全缘或微呈波状缘。圆锥花序顶生，有分枝，由穗状花序形成，圆柱形，细长，直立，顶生花穗比侧生者长；苞片及小苞片披针形，顶端具凸尖；花被片矩圆形或宽倒披针形，内曲，顶端急尖，背部有 1 绿色隆起中脉；雄蕊比花被片短；柱头 3 或 2。胞果扁球形，绿色，不裂，极皱缩，超出花被片。种子近球形，黑色或黑褐色，具薄且锐的环状边缘。花果期 6～10 月。

生于低海拔人家附近的杂草地上或田野间。全国各地均有分布。

嫩茎叶可作野菜食用。全草可药用，具有清热解毒的功效。

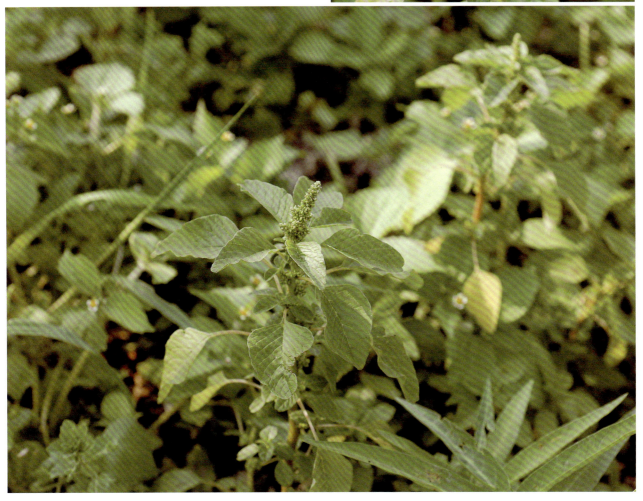

青葙
Celosia argentea

一年生草本，高0.3～1m。叶片矩圆状披针形、披针形或披针状条形，少数卵状矩圆形，绿色常带红色，顶端急尖或渐尖，具小芒尖，基部渐狭。花多数，密生，在茎端或枝端成单一、无分枝的塔状或圆柱状穗状花序；苞片及小苞片披针形，白色，顶端渐尖，延长成细芒，具1中脉，在背部隆起；花被片矩圆状披针形，初为白色顶端带红色，或全部粉红色，后成白色，顶端渐尖，具1中脉，在背面凸起；花药紫色；子房有短柄，花柱紫色。胞果卵形，包裹在宿存花被片内。种子凸透镜状肾形。花果期5～10月。

生于海拔1100m以下的平原、田边、丘陵、山坡。全国各地均有分布。

嫩茎叶作蔬菜食用。种子可药用，具有清肝明目的功效。

藜 灰菜

Chenopodium album

一年生草本，高30～150cm。茎直立，多分枝。枝条斜升或开展。叶片菱状卵形至宽披针形，先端急尖或微钝，基部楔形至宽楔形，腹面通常无粉，有时嫩叶的腹面有紫红色粉，背面多少有粉，边缘具不整齐锯齿；叶柄与叶片近等长，或为叶片长度的1/2。花两性，簇生于枝上部，排列成穗状圆锥状或圆锥状花序；花被裂片5，宽卵形至椭圆形，背面具纵隆脊，有粉，先端或微凹，边缘膜质；雄蕊5，花药伸出花被；柱头2。果皮与种子贴生。种子横生，黑色有光泽，表面具浅沟纹。花果期5～10月。

生于低海拔的路旁、荒地及田间。全国各地均有分布。

嫩茎叶可食用，也可饲用。

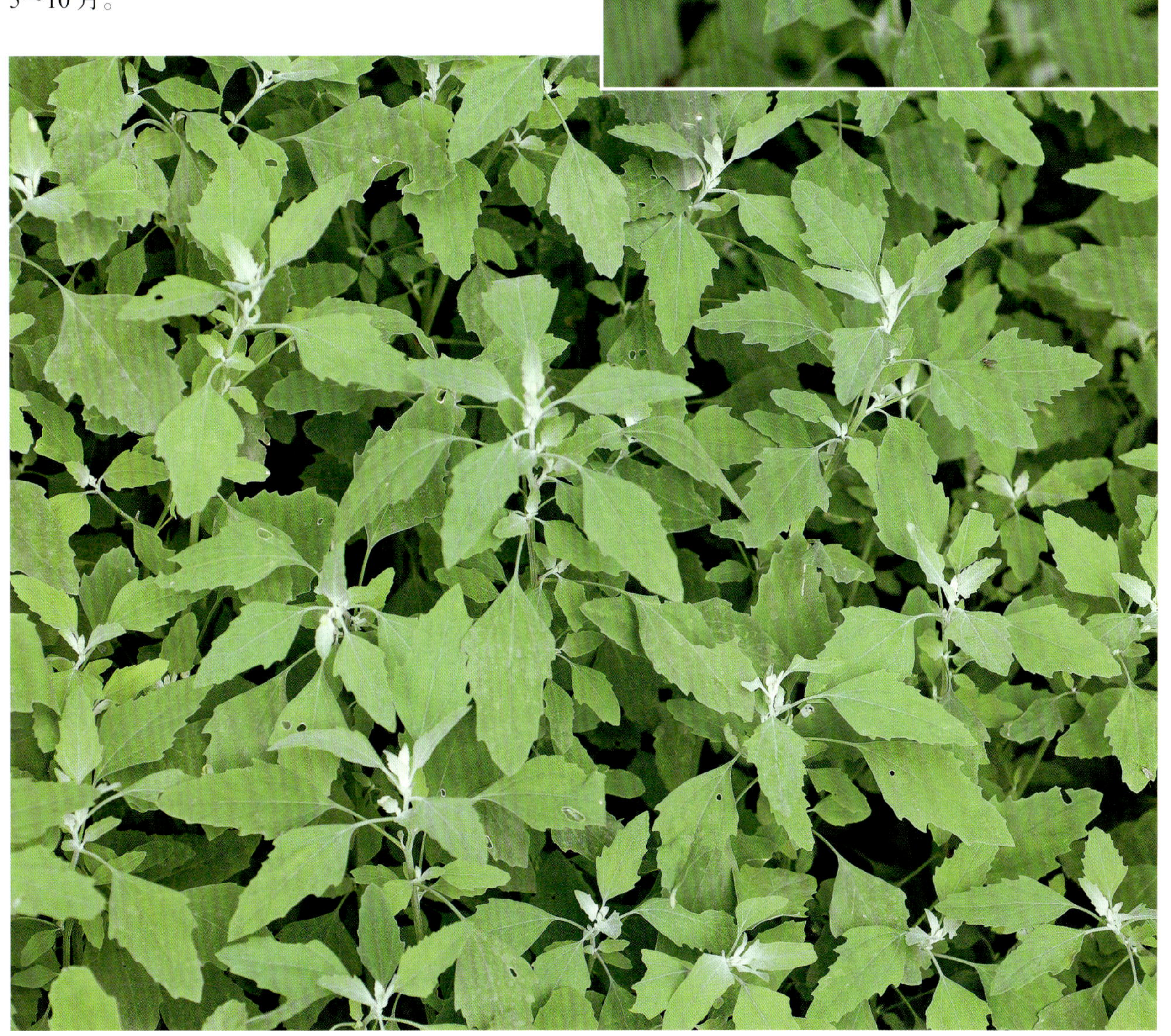

地肤
Kochia scoparia

一年生草本，高 50～100cm。茎直立，圆柱状，淡绿色或带紫红色，有多数条棱。分枝稀疏，斜上。叶为平面叶，披针形或条状披针形，先端短渐尖，基部渐尖，有短柄，通常有 3 条明显的主脉，边缘有疏生的锈色绢状缘毛；茎上部叶较小，无柄，1 脉。花两性或雌性，通常 1～3 个生于上部叶腋，构成疏穗状圆锥状花序；花被近球形，淡绿色，花被裂片近三角形；翅端附属物三角形至倒卵形，有时近扇形，膜质，脉不很明显，边缘微波状或具缺刻；柱头 2，丝状，紫褐色，花柱极短。胞果扁球形，果皮膜质，与种子离生。种子卵形，黑褐色。花果期 6～10 月。

生于低海拔的田边、路旁、荒地等处。全国各地均有分布。

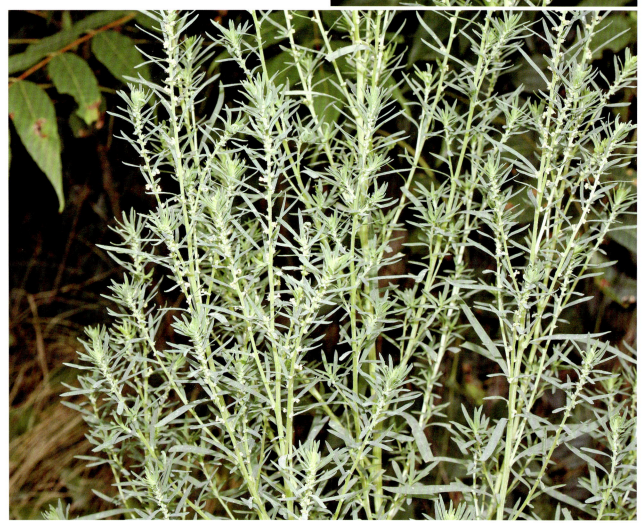

嫩茎、果实可食用。

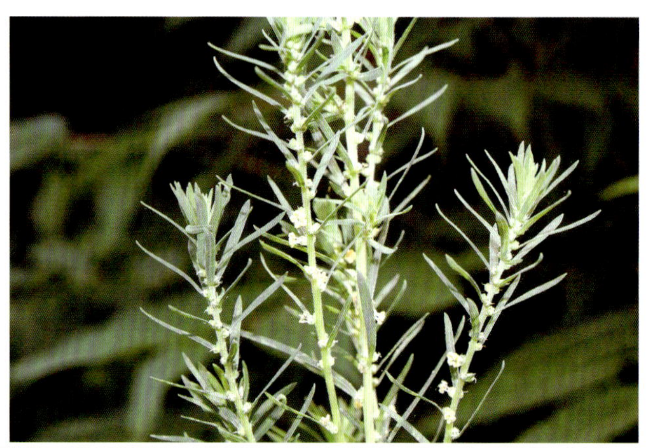

落葵科 Basellaceae

落葵薯
Anredera cordifolia

缠绕藤本。根状茎粗壮。叶片卵形至近圆形，顶端急尖，基部圆形或心形，稍肉质，腋生小块茎（珠芽）。总状花序具多花，花序轴纤细；苞片狭，不超过花梗长度，宿存；花托顶端杯状，花常由此脱落；下面1对小苞片宿存，宽三角形，急尖，透明，上面1对小苞片淡绿色，比花被短，宽椭圆形至近圆形；花被片白色，渐变黑，开花时张开，卵形、长圆形至椭圆形，顶端钝圆；雄蕊白色，花丝顶端在芽中反折，开花时伸出花外；花柱白色，分裂成3个柱头臂，每臂具1棍棒状或宽椭圆形柱头。果实、种子未见。花期6～10月。

生于海拔约500m的路边或林下。分布于北京、福建、广东、贵州、海南、江苏、四川、云南、浙江。

嫩叶可食用，鲜食、炒食或凉拌；根状茎可炖食或炒食、凉拌、做汤等。

落葵　木耳菜
Basella alba

一年生缠绕草本。茎长，无毛，肉质，绿色或略带紫红色。叶片卵形或近圆形，顶端渐尖，基部微心形或圆形，下延成柄，全缘，背面叶脉微凸起；叶柄长1～3cm，上有凹槽。穗状花序腋生；苞片极小，早落，小苞片2，萼状，长圆形，宿存；花被片淡红色或淡紫色，卵状长圆形，全缘，顶端钝圆，内褶，下部白色，连合成筒；雄蕊着生花被筒口，花丝短，基部扁宽，白色，花药淡黄色；柱头椭圆形。果实球形，红色至深红色或黑色，多汁液，外包宿存小苞片及花被。花果期5～10月。

生于海拔约500m的路边。我国南部有分布。

幼苗、嫩茎、嫩叶可食用，可炒食、烫食、凉拌。

土人参科 Talinaceae

土人参 假人参、参草
Talinum paniculatum

一年生或多年生草本，高 30～100cm。主根粗壮，圆锥形，有少数分枝，皮黑褐色，断面乳白色。茎直立，肉质，基部近木质，多少分枝，圆柱形，有时具槽。叶互生或近对生，具短柄或近无柄，叶片稍肉质，倒卵形或倒卵状长椭圆形，全缘。圆锥花序顶生或腋生；总苞片绿色或近红色，圆形，顶端圆钝；苞片 2，膜质，披针形，顶端急尖；萼片卵形，紫红色，早落；花瓣粉红色或淡紫红色；雄蕊（10～）15～20；柱头 3 裂。蒴果近球形，3 瓣裂。种子多数，扁圆形，黑褐色或黑色，有光泽。花果期 6～11 月。

生于海拔 400～1000m 的路边、村边和林下阴湿处。我国长江以南均有分布。

嫩茎叶可食用，炒食或做汤，脆嫩、爽滑可口；肉质根可凉拌。

马齿苋科 Portulacaceae

马齿苋
Portulaca oleracea

一年生草本，长 10～15cm。茎平卧或斜倚，伏地铺散，多分枝，圆柱形，淡绿色或带暗红色。叶互生，有时近对生，叶片扁平肥厚，倒卵形，似马齿状，顶端圆钝或平截，有时微凹，基部楔形，全缘，中脉微隆起；叶柄粗短。花无梗，常 3～5 朵簇生枝端，午时盛开；苞片 2～6，叶状，膜质，近轮生；萼片 2，对生，绿色；花瓣 5，稀 4，黄色，倒卵形，顶端微凹，基部合生；雄蕊通常 8，或更多，花药黄色；子房无毛，柱头 4～6 裂，线形。蒴果卵球形，盖裂。种子细小，多数，黑褐色有光泽，具小疣状凸起。花果期 5～9 月。

生于低海拔的菜园、农田、路旁。全国各地均有分布。

茎和叶可食用，可用来做汤或用于做沙司、蛋黄酱和炖菜。

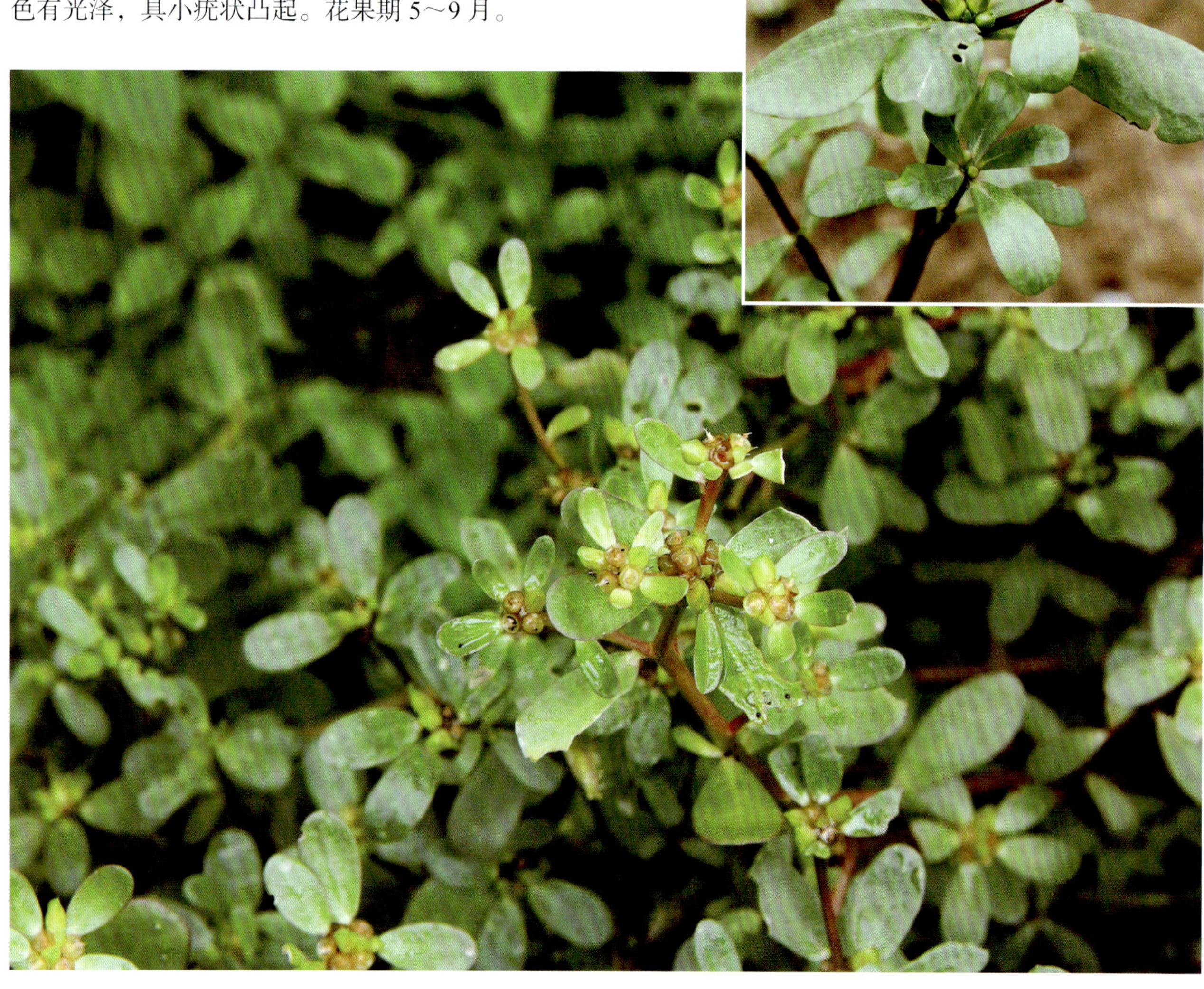

茜草科 Rubiaceae

栀子
Gardenia jasminoides

灌木，高 0.3～3m。叶对生，革质，稀为纸质，少为 3 枚轮生，叶形多样，通常为长圆状披针形、倒卵状长圆形、倒卵形或椭圆形；侧脉 8～15 对，在背面凸起，在腹面平。花芳香，通常单朵生于枝顶；萼管倒圆锥形或卵形，有纵棱，萼檐管形，膨大，顶部 5～8 裂，通常 6 裂；花冠白色或乳黄色，高脚碟状，喉部有疏柔毛，冠管狭圆筒形，顶部 5～8 裂，通常 6 裂；子房黄色。果卵形、近球形、椭圆形或长圆形，黄色或橙红色，有翅状纵棱 5～9 条。花期 3～7 月，果期 5 月至翌年 2 月。

生于海拔 400～1000m 的丘陵、山谷、山坡、溪边的灌丛或林中。分布于安徽、福建、广东、广西、贵州、海南、河北、湖北、湖南、江苏、江西、山东、四川、台湾、云南、浙江。

果实可食用，炒食或者水煎煮。

鸡矢藤
Paederia foetida

藤本。茎长3～5m，无毛或近无毛。叶对生，纸质或近革质，形状变化很大，卵形、卵状长圆形至披针形，顶端急尖或渐尖，基部楔形或近圆或截平，有时浅心形，两面无毛或近无毛，有时背面脉腋内有束毛；侧脉每边4～6条，纤细。圆锥花序式的聚伞花序腋生和顶生，扩展，分枝对生，末次分枝上着生的花常呈蝎尾状排列；小苞片披针形；花具短梗或无；萼管陀螺形，萼檐裂片5，裂片三角形；花冠浅紫色，顶部5裂。果球形，成熟时近黄色，有光泽，平滑；小坚果无翅，浅黑色。花果期5～12月。

生于海拔200～1000m的山坡、林中、林缘、沟谷边。分布于安徽、福建、甘肃、广东、广西、贵州、海南、河南、湖北、江苏、江西、山东、山西、四川、台湾、云南、浙江。

全草可食用，鲜食或者晒干煎煮。

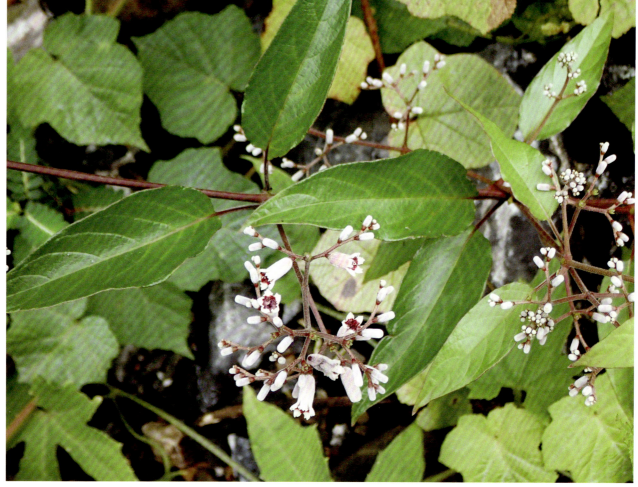

马钱科 Loganiaceae

密蒙花
Buddleja officinalis

灌木，高 1～4m。小枝略呈四棱形；小枝、叶、叶柄和花序均密被灰白色星状短绒毛。叶对生，叶片纸质，狭椭圆形、长卵形、卵状披针形或长圆状披针形，通常全缘，稀有疏锯齿；侧脉每边 8～14 条。花多而密集，组成顶生聚伞圆锥花序；小苞片披针形，被短绒毛；花萼钟状，花萼裂片三角形或宽三角形；花冠紫堇色，后变白色或淡黄白色，喉部橘黄色，花冠管圆筒形，内面黄色，花冠裂片卵形，内面无毛；柱头棍棒状。蒴果椭圆状，2 瓣裂，外果皮被星状毛，基部有宿存花被。种子两端具翅。花果期 3～8 月。

生于海拔 400～1000m 的向阳山坡、河边、村旁的灌木丛中或林缘。分布于山西、陕西、甘肃、江苏、安徽、福建、河南、湖北、湖南、广东、广西、四川、贵州、云南、西藏。

花可食用，做食品染料，为五色米的染料之一。干燥花蕾和花序可药用。

茄科 Solanaceae

枸杞
Lycium chinense

分枝灌木，高 0.5～1m。枝条细弱，弓状弯曲或俯垂，淡灰色，有纵条纹，小枝顶端锐尖成棘刺状。叶纸质，单叶互生或 2～4 片簇生。花在长枝上单生或双生于叶腋，在短枝上则同叶簇生；花萼通常 3 中裂或 4～5 齿裂，裂片多少有缘毛；花冠漏斗状，淡紫色，筒部向上骤然扩大，5 深裂；花柱稍伸出雄蕊，上端弓弯，柱头绿色。浆果红色，卵状。种子扁肾脏形，黄色。花果期 6～11 月。

生于海拔 400～600m 的山坡、荒地、路旁及住宅旁。分布于安徽、福建、甘肃、广东、广西、贵州、海南、河北、黑龙江、河南、湖北、湖南、江苏、江西、吉林、辽宁、内蒙古、宁夏、青海、陕西、山西、四川、台湾、云南、浙江。

嫩叶可作蔬菜食用；果可食用和药用。

苦蘵 灯笼泡、灯笼草

Physalis angulata

一年生草本，高常 30～50cm。茎多分枝。分枝纤细。叶片卵形至卵状椭圆形，顶端渐尖或急尖，基部阔楔形或楔形，全缘或有不等大的牙齿，两面近无毛。花梗纤细和花萼一样生短柔毛，5 中裂，裂片披针形，生缘毛；花冠淡黄色，喉部常有紫色斑纹；花药蓝紫色或有时黄色。果萼卵球状，薄纸质。种子圆盘状。花果期 5～12 月。

生于海拔 500～1000m 的山谷林下及村边路旁。华东、华中、华南及西南均有分布。

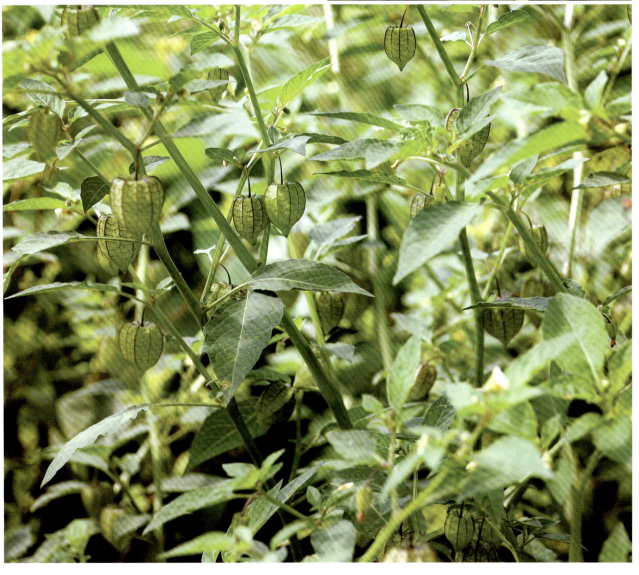

嫩茎叶可食用和药用。

白英
Solanum lyratum

草质藤本，长 0.5～1m。叶互生，多数为琴形，基部常 3～5 深裂，裂片全缘，侧裂片愈近基部的愈小，端钝，中裂片较大，通常卵形，先端渐尖，两面均被白色发亮的长柔毛。聚伞花序顶生或腋外生，疏花；萼环状，萼齿 5，圆形，顶端具短尖头；花冠蓝紫色或白色，花冠筒隐于萼内，5 深裂，裂片椭圆状披针形，先端被微柔毛；子房卵形，柱头小，头状。浆果球状，成熟时红黑色。种子近盘状，扁平。花果期 6～11 月。

生于海拔 600～1000m 的山谷草地或路旁、田边。分布于安徽、福建、甘肃、广东、广西、贵州、海南、河南、湖北、湖南、江苏、江西、陕西、山东、山西、四川、台湾、云南、浙江。

嫩茎叶可食用。全草药用，具有清热解毒的功效。

龙葵
Solanum nigrum

一年生直立草本，高 0.25～1m。叶卵形，先端短尖，基部楔形至阔楔形而下延至叶柄，全缘或每边具不规则的波状粗齿，光滑或两面均被稀疏短柔毛，叶脉每边 5～6 条。蝎尾状花序腋外生，由 3～10 花组成；萼小，浅杯状，齿卵圆形，先端圆，基部两齿间连接处成角度；花冠白色，筒部隐于萼内，冠檐 5 深裂；子房卵形，中部以下被白色绒毛，柱头头状。浆果球形，熟时黑色。种子多数，近卵形，两侧压扁。花果期 5～11 月。

生于海拔 600～1000m 的田边、荒地及村庄附近。全国各地均有分布。

成熟浆果和嫩叶均可食用。全株可药用，具有清热解毒的功效。

苦苣苔科 Gesneriaceae

降龙草 牛耳朵、散血毒莲、虎山叶、雪汀菜
Hemiboea subcapitata

多年生草本，高 10～40cm。叶对生，叶片稍肉质，干时草质，椭圆形、卵状披针形或倒卵状披针形，全缘或中部以上具浅钝齿。聚伞花序腋生或假顶生，具 3～10 花；花序梗无毛；总苞球形，顶端具突尖，无毛，开裂后呈船形；萼片 5，长椭圆形，无毛，干时膜质；花冠白色，具紫斑；花盘环状；子房线形，无毛，柱头钝，略宽于花柱。蒴果线状披针形，多少弯曲，无毛。花果期 8～12 月。

生于海拔 400～1000m 的山谷林下石上或沟边阴湿处。分布于甘肃、广东、广西、贵州、湖北、湖南、江西、陕西、四川、云南、浙江。

嫩茎叶可食用。全草药用。

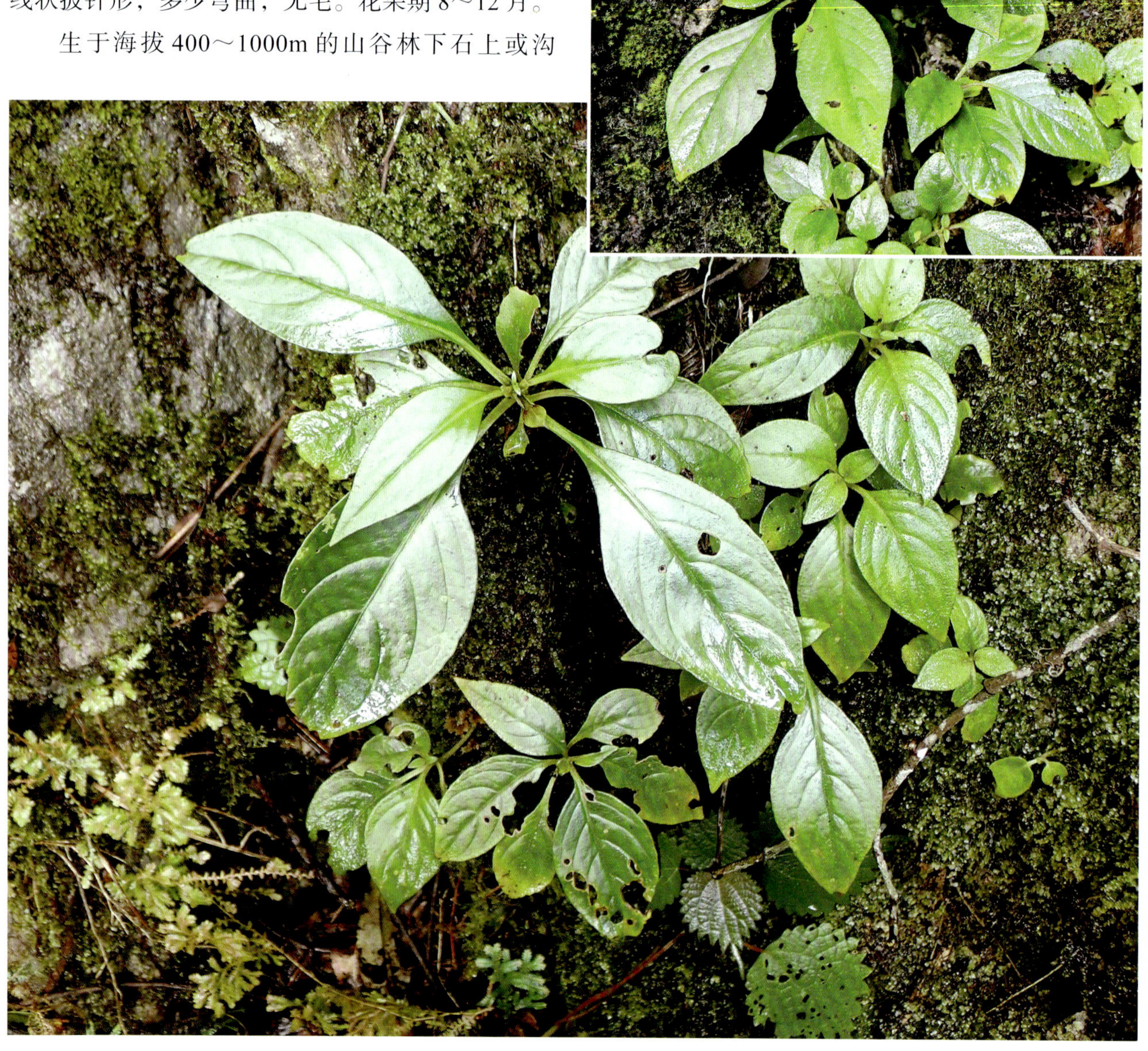

车前科 Plantaginaceae

车前 蛤蟆草
Plantago asiatica

二年生或多年生草本。须根多数。叶片薄纸质或纸质，宽卵形至宽椭圆形，先端钝圆至急尖，边缘波状、全缘或中部以下有锯齿、牙齿或裂齿，基部宽楔形或近圆形，多少下延，两面疏生短柔毛；脉5～7条。花序3～10；穗状花序细圆柱状；苞片狭卵状三角形或三角状披针形；花具短梗；花冠白色，无毛，冠筒与萼片约等长，裂片狭三角形；雄蕊着生于冠筒内面近基部，与花柱明显外伸，花药卵状椭圆形。蒴果纺锤状卵形、卵球形或圆锥状卵形。种子卵状椭圆形或椭圆形，黑褐色至黑色。花果期4～9月。

生于海拔1100m以下的草地、沟边、田边、路旁或村边。分布于黑龙江、吉林、辽宁、内蒙古、河北、山西、陕西、甘肃、新疆、山东、江苏、安徽、浙江、江西、福建、台湾、河南、湖北、湖南、广东、广西、海南、四川、贵州、云南、西藏。

幼苗可食用。

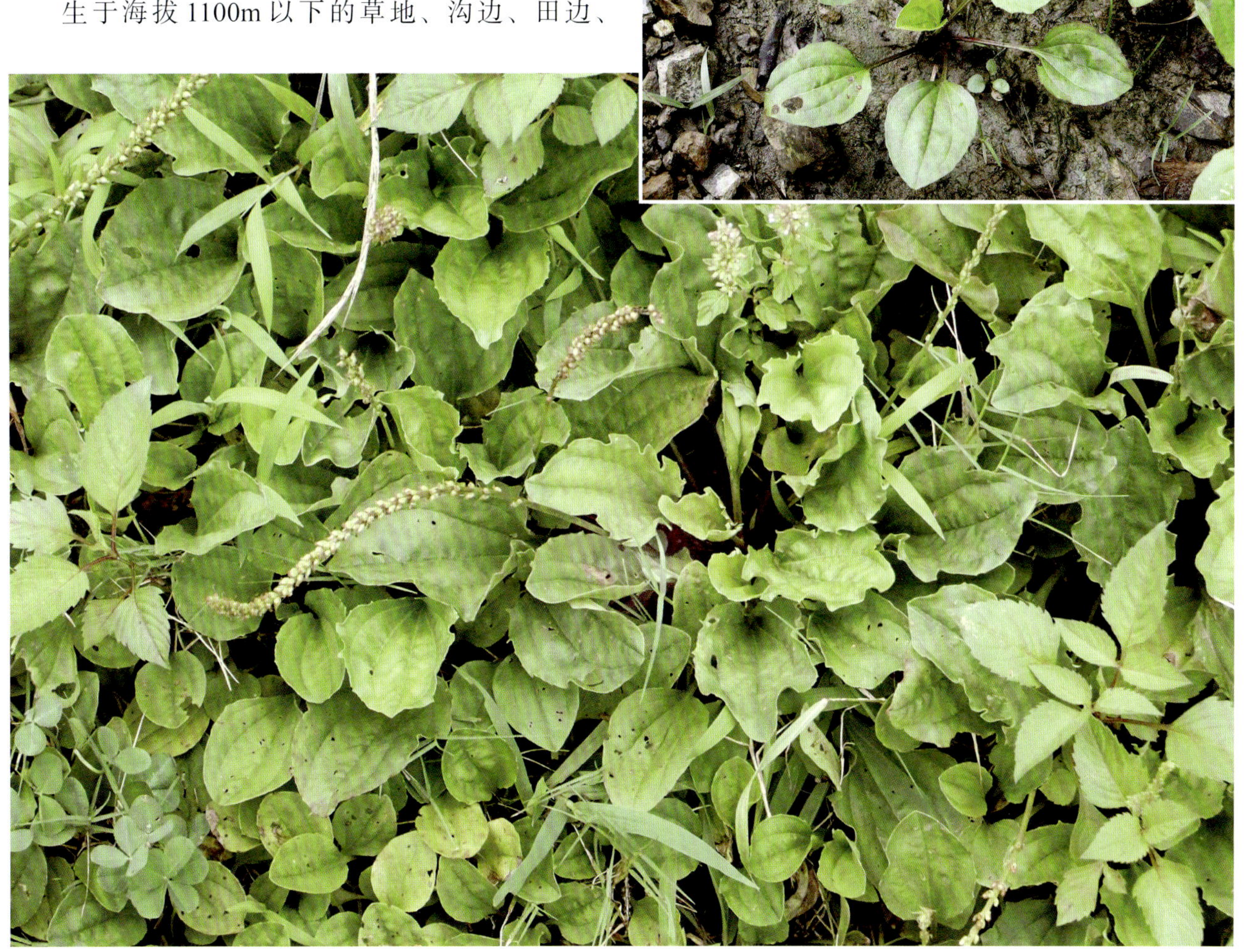

马鞭草科 Verbenaceae

臭牡丹

Clerodendrum bungei

灌木，高1～2m，植株有臭味，花序轴、叶柄密被褐色、黄褐色或紫色脱落性的柔毛。小枝近圆形，皮孔显著。叶片纸质，宽卵形或卵形，顶端尖或渐尖，基部宽楔形、截形或心形，边缘具粗或细锯齿，侧脉4～6对。伞房状聚伞花序顶生，密集；苞片叶状，披针形或卵状披针形，早落或花时不落，小苞片披针形；花萼钟状，被短柔毛及少数盘状腺体，萼齿三角形或狭三角形；花冠淡红色、红色或紫红色，裂片倒卵形；雄蕊及花柱均突出花冠外；子房4室，花柱短于、等于或稍长于雄蕊，柱头2裂。核果近球形，成熟时蓝黑色。花果期5～11月。

生于海拔1000m以下的山坡、林缘、沟谷、路旁、灌丛润湿处。分布于安徽、福建、甘肃、广东、广西、贵州、海南、河北、河南、湖北、湖南、江苏、江西、宁夏、青海、陕西、山东、山西、四川、台湾、云南、浙江。

根、茎、叶可食用。

豆腐柴

Premna microphylla

直立灌木。幼枝有柔毛，老枝变无毛。叶揉之有臭味，卵状披针形、椭圆形、卵形或倒卵形，顶端急尖至长渐尖，基部渐狭窄下延至叶柄两侧，全缘至有不规则粗齿，无毛至有短柔毛。聚伞花序组成顶生塔形的圆锥花序；花萼杯状，绿色，有时带紫色，密被毛至近无毛，但边缘常有睫毛，近整齐的5浅裂；花冠淡黄色，外有柔毛和腺点，花冠内部有柔毛，以喉部较密。核果紫色，球形至倒卵形。花果期5～10月。

生于海拔400～1000m的山坡林下或林缘。分布于安徽、福建、广东、广西、贵州、海南、河南、湖北、湖南、江西、四川、台湾、云南、浙江。

叶可制豆腐。根、茎、叶可药用，具有清热解毒的功效。

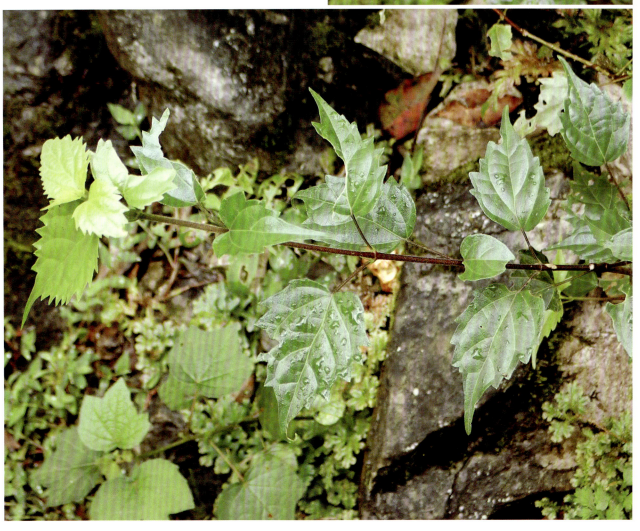

唇形科 Lamiaceae

藿香 水麻叶、香蒿

Agastache rugosa

多年生草本，高 0.5～1.5m。茎四棱形，上部被极短的细毛，下部无毛。叶心状卵形至长圆状披针形，基部心形，稀截形，边缘具粗齿，纸质，腹面橄榄绿色，近无毛，背面略淡，被微柔毛及点状腺体。轮伞花序多花，在主茎或侧枝上组成顶生密集的圆筒形穗状花序；花萼管状倒圆锥形，被腺微柔毛及黄色腺点，多少染成浅紫色或紫红色，喉部微斜，萼齿三角状披针形；花冠淡紫蓝色，冠檐二唇形，上唇直伸，先端微缺，下唇 3 裂，中裂片较宽大；花盘厚环状；子房裂片顶部具绒毛，花柱与雄蕊近等长，先端相等的 2 裂。成熟小坚果卵状长圆形，腹面具棱，先端具短硬毛，褐色。花果期 6～11 月。

我国广泛栽培。

嫩茎叶可食用，凉拌、炒食、炸食，也可煮粥。

细风轮菜 瘦风轮、野薄荷

Clinopodium gracile

多年生草本。茎基部匍匐生根，上部上升，多分枝，高 8～30cm，茎四棱形。叶较小，卵圆形，先端急尖或钝，基部圆形呈阔楔形，边缘具大小均匀的圆齿状锯齿，侧脉 2～3 对。轮伞花序多花密集，半球状；花萼管状，常染紫红色，外面主要沿脉上被疏柔毛及腺微柔毛，内面在齿上被疏柔毛，上唇 3 齿，下唇 2 齿；花冠白色至紫红色，外面被微柔毛。小坚果卵球形，褐色。花果期 6～10 月。

生于海拔 1000m 以下的路旁、沟边、草地、林缘和灌丛中。分布于安徽、福建、广东、广西、贵州、湖北、湖南、江苏、江西、四川、陕西、台湾、云南、浙江。

嫩茎叶可食用。全草可药用。

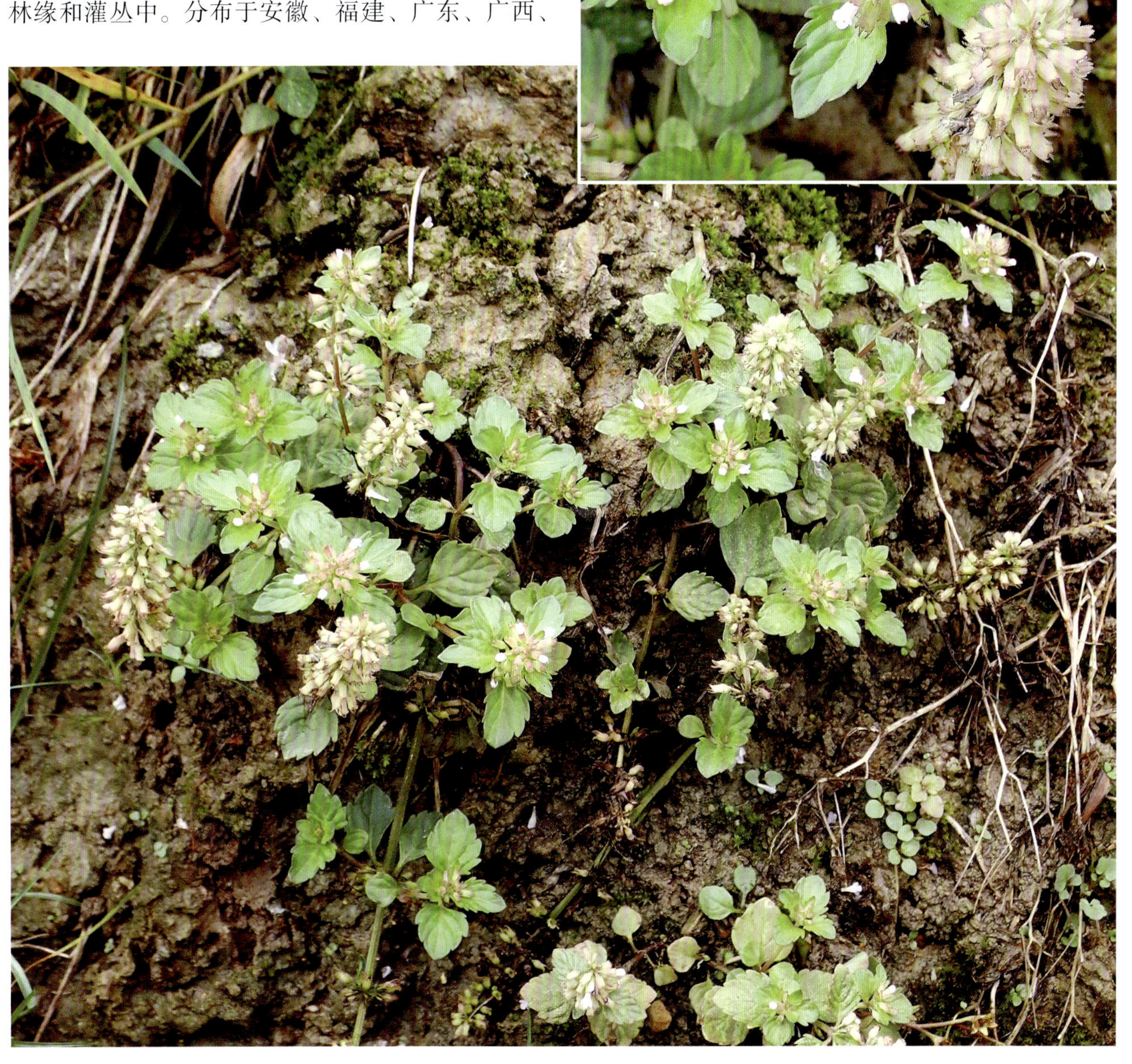

麻叶风轮菜

Clinopodium urticifolium

多年生草本。茎四棱形，多分枝，全体被柔毛。叶对生，卵形。花密集成轮伞花序；苞片线形、钻形，边缘有长缘毛；花萼筒状，绿色，萼筒外面脉上有粗硬毛，具5齿，分2唇；花冠淡红色或紫红色，外面及喉门下方有短毛，基部筒状，向上渐张开，上唇半圆形，顶端微凹，下唇3裂，侧片狭长圆形；雄蕊2，药室略叉开；花柱着生子房底，伸出冠筒外，2裂。小坚果宽卵形，棕黄色。花果期6～10月。

生于海拔400～1000m的路边、草地、林下。分布于贵州、河北、黑龙江、河南、江苏、吉林、辽宁、陕西、山东、山西、四川。

嫩茎叶可食用。

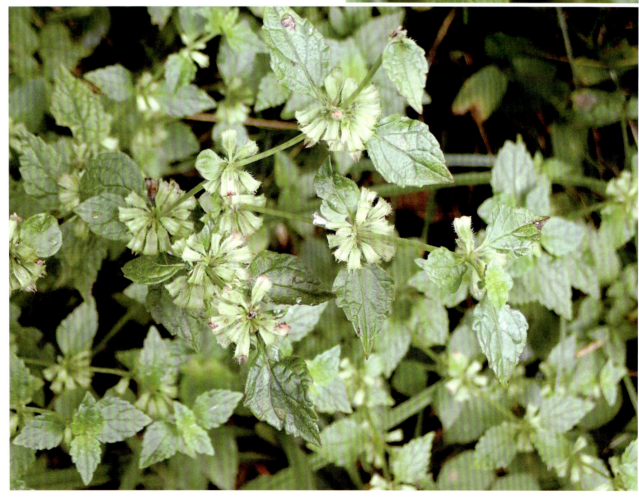

益母草 野麻、九重楼、野天麻、益母花

Leonurus japonicus

一年生或二年生草本，通常高 30～120cm。茎钝四棱形，微具槽，有倒向糙伏毛。叶轮廓变化很大，茎下部叶轮廓为卵形，基部宽楔形，掌状 3 裂，裂片呈长圆状菱形至卵圆形。花序最上部的苞叶近于无柄，线形或线状披针形，全缘或具稀少牙齿；轮伞花序腋生，具 8～15 花，轮廓为圆球形，多数远离而组成长穗状花序；小苞片刺状，向上伸出，基部略弯曲，比萼筒短；花梗无；花萼管状钟形，齿 5；花冠粉红色至淡紫红色，冠檐二唇形；雄蕊 4，均延伸至上唇片之下；花盘平顶；子房褐色，无毛。小坚果长圆状三棱形。花果期 6～10 月。

生长于多种生境，尤以阳处为多。全国各地均有分布。

嫩茎叶、花和果实可食用。全草可药用。

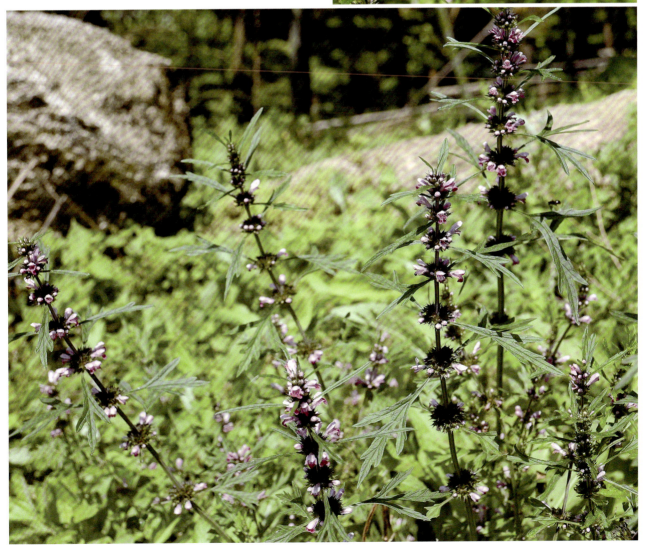

薄荷

Mentha canadensis

多年生草本，高 30～60cm。叶片长圆状披针形、披针形、椭圆形或卵状披针形，稀长圆形，先端锐尖，基部楔形至近圆形，边缘在基部以上疏生粗大的牙齿状锯齿，侧脉 5～6 对。轮伞花序腋生，近球形；花萼管状钟形，外被微柔毛及腺点，内面无毛；花冠淡紫色，外面略被微柔毛，内面在喉部以下被微柔毛，冠檐上裂片先端 2 裂，较大，其余 3 裂片近等大；雄蕊 4，花药 2 室。小坚果卵珠形，黄褐色，具小腺窝。花果期 7～10 月。

生于海拔 1000m 以下的路边、田边及水旁潮湿地。全国各地均有分布。

茎和叶可食用。全草可药用。

皱叶留兰香
Mentha crispata

多年生草本，高30～60cm。叶无柄或近于无柄，卵形或卵状披针形，先端锐尖，基部圆形或浅心形，边缘有锐裂的锯齿，坚纸质，皱波状。轮伞花序在茎及分枝顶端密集成穗状花序；苞片线状披针形，稍长于花萼；花萼钟形，外面近无毛，具腺点，5脉，不明显，萼齿5，三角状披针形，边缘具缘毛，果时稍靠合；花冠淡紫色，外面无毛，冠缘具4裂片，裂片近等大，上裂片先端微凹；雄蕊4，伸出，近等长，花药卵圆形，2室。小坚果卵珠状三棱形，茶褐色。

生于低海拔的路边草丛。我国广泛栽培。嫩枝、叶常作香料食用。

紫苏　白苏

Perilla frutescens

一年生草本，高0.3～2m。茎四棱形，具4槽，密被长柔毛。叶阔卵形或圆形，先端短尖或突尖，基部圆形或阔楔形，边缘在基部以上有粗锯齿，膜质或草质，两面绿色或紫色，或仅背面紫色，侧脉7～8对。花萼钟形，10脉，直伸，下部被长柔毛，夹有黄色腺点，内面喉部有疏柔毛环，萼檐二唇形，上唇3齿，下唇2齿；花冠白色至紫红色，外面略被微柔毛，内面在下唇片基部略被微柔毛，冠檐近二唇形，上唇微缺，下唇3裂，中裂片较大，侧裂片与上唇相近似；雄蕊4，花药2室。小坚果近球形，灰褐色，具网纹。花果期8～12月。

生于低海拔的路边、草丛。分布于福建、广东、广西、贵州、河北、湖南、湖北、江苏、江西、山西、四川、台湾、西藏、云南、浙江。

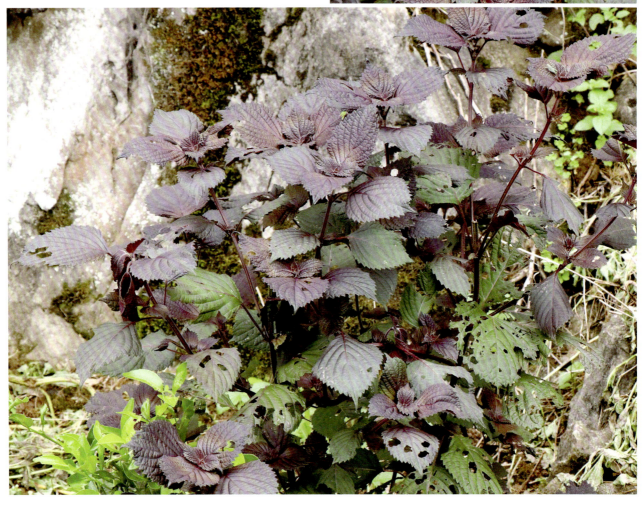

嫩叶可食用。

夏枯草

Prunella vulgaris

多年生草本，高20～30cm。茎钝四棱形，紫红色，被稀疏的糙毛或近于无毛。茎叶卵状长圆形或卵圆形，大小不等，先端钝，基部圆形、截形至宽楔形，下延至叶柄成狭翅，边缘具不明显的波状齿或几近全缘，草质，侧脉3～4对。花序下方的一对苞叶似茎叶，近卵圆形，无柄或具不明显的短柄；轮伞花序密集组成顶生长2～4cm的穗状花序，每一轮伞花序下承以苞片；苞片宽心形；花萼钟形；花冠紫色、蓝紫色或红紫色；花药2室，室极叉开；花柱纤细，先端相等2裂，裂片钻形，外弯。小坚果黄褐色，长圆状卵珠形。花果期4～10月。

生于海拔1000m以下的荒坡、草地、溪边及路旁等。分布于陕西、甘肃、新疆、河南、湖北、湖南、江西、浙江、福建、台湾、广东、广西、贵州、四川、云南。

嫩叶可食用。全草可药用。

桔梗科 Campanulaceae

沙参

Adenophora stricta

多年生草本，高 40～80cm。茎不分枝，常被短硬毛或长柔毛，少无毛的。基生叶心形，大而具长柄；茎生叶无柄，叶片椭圆形、狭卵形，基部楔形，边缘具锯齿，两面疏生短毛或长硬毛。花序常不分枝而成假总状花序，或有短分枝而成极狭的圆锥花序；花萼常被短柔毛或粒状毛，少完全无毛的；花冠宽钟状，蓝色或紫色，外面无毛或有硬毛；花盘短筒状，无毛；花柱略长于花冠。蒴果椭圆状球形。种子棕黄色，稍扁。花期 8～10 月。

生于海拔 800～1000m 的林缘、灌丛及岩石裂缝。分布于安徽、重庆、福建、甘肃、广西、贵州、河南、湖北、湖南、江苏、江西、陕西、四川、云南、浙江。

根去苦味后可食用。

金钱豹
Campanumoea javanica

草质缠绕藤本，具乳汁，具胡萝卜状根。茎无毛，多分枝。叶对生，极少互生的，具长柄，叶片心形或心状卵形，边缘有浅锯齿，极少全缘的，无毛或有时背面疏生长毛。花单朵生叶腋，各部无毛；花萼与子房分离，5裂至近基部，裂片卵状披针形或披针形，长1～1.8cm；花冠上位，白色或黄绿色，内面紫色，钟状，裂至中部；雄蕊5；子房和蒴果5室，柱头4～5裂。浆果黑紫色、紫红色，球状。种子不规则，常为短柱状，表面有网状纹饰。花果期5～11月。

生于海拔1000m以下的灌丛及疏林中。分布于安徽、福建、甘肃、广东、广西、贵州、海南、湖北、湖南、江西、四川、台湾、云南、浙江。

果实、根可食用和药用。

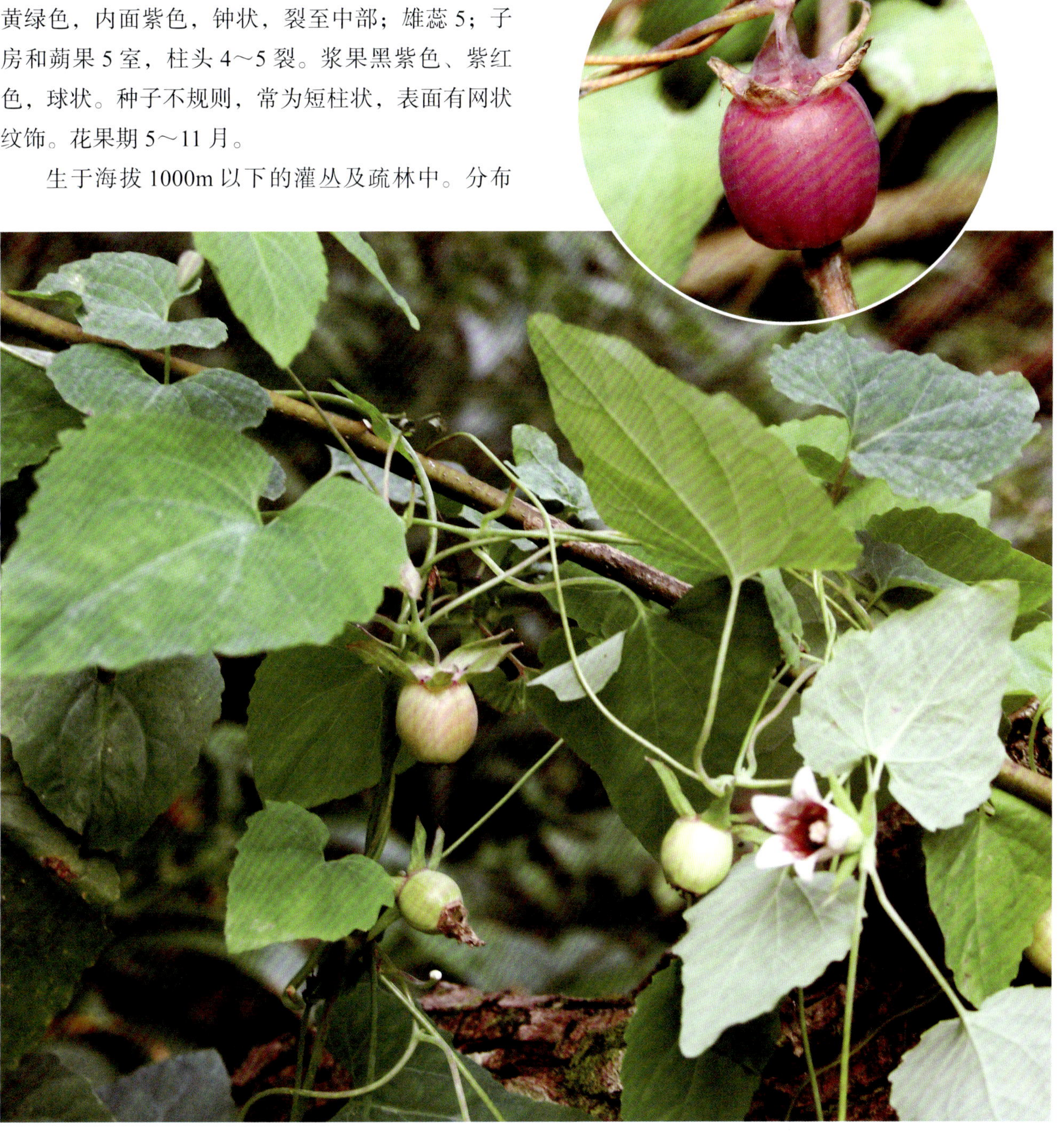

轮钟花
Cyclocodon lancifolius

直立或蔓性草本，高可达3m。茎中空，分枝多而长，平展或下垂。叶对生，偶有3枚轮生的，具短柄，叶片卵形、卵状披针形至披针形，顶端渐尖，边缘具细尖齿、锯齿或圆齿。花通常单朵顶生兼腋生，有时3朵组成聚伞花序；花梗中上部或在花基部有一对丝状小苞片；花萼仅贴生至子房下部，裂片4～7，相互间远离，丝状或条形，边缘有分枝状细长齿；花冠白色或淡红色，管状钟形。浆果球状，熟时紫黑色。花期7～11月。

生于海拔1000m以下的林中、灌丛及草地上。分布于福建、广东、广西、贵州、湖北、湖南、四川、台湾、云南。

嫩芽可食用。

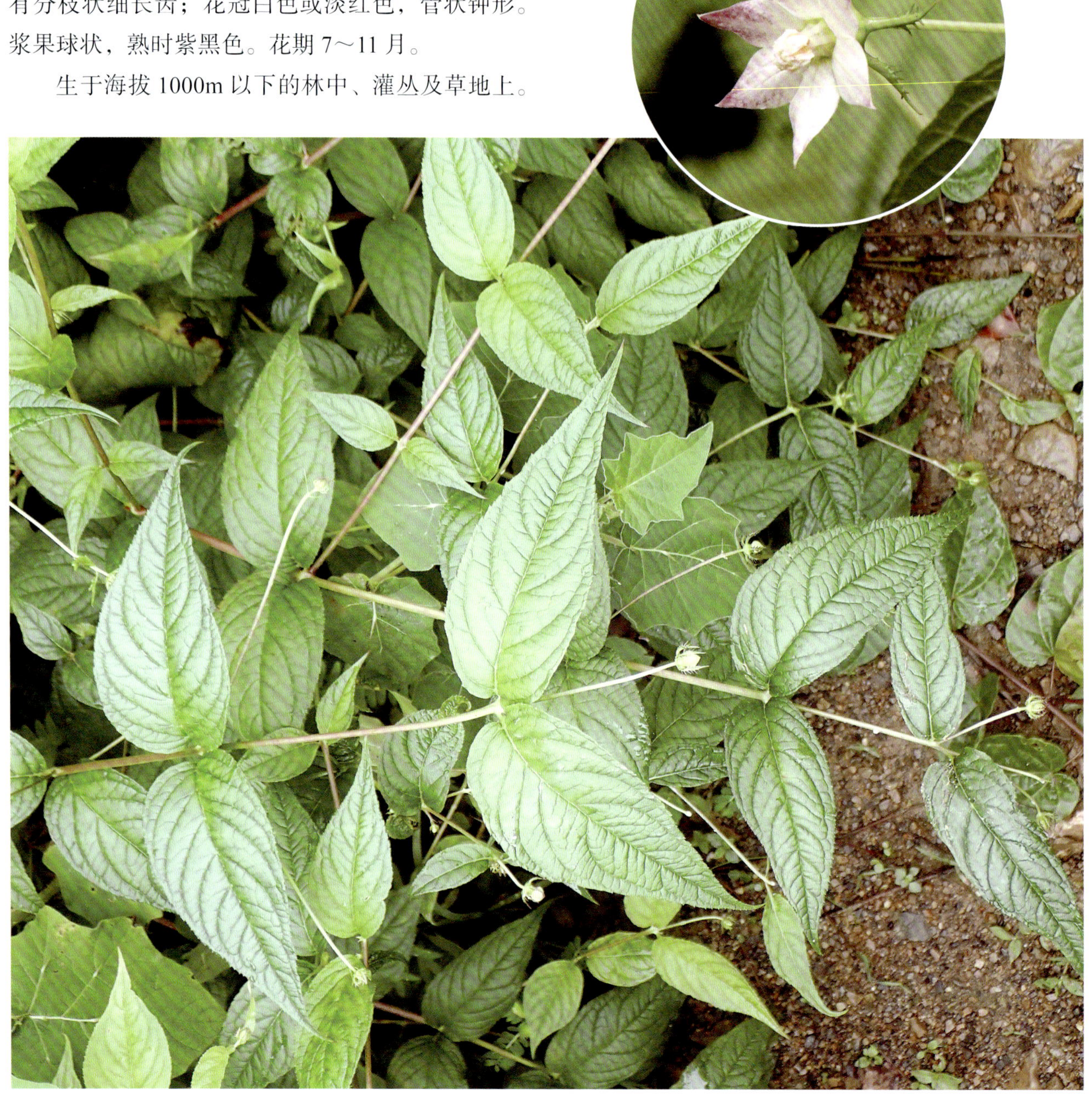

半边莲 急解索、细米草、瓜仁草

Lobelia chinensis

多年生草本，高6～30cm。叶互生，无柄或近无柄，椭圆状披针形至条形，先端急尖，基部圆形至阔楔形，全缘或顶部有明显的锯齿，无毛。花通常1朵，生分枝的上部叶腋；花梗细，基部有长约1mm的小苞片2枚、1枚或者没有，小苞片无毛；花萼筒倒长锥状，基部渐细而与花梗无明显区分，裂片披针形，约与萼筒等长，全缘或下部有1对小齿；花冠粉红色或白色，背面裂至基部，喉部以下生白色柔毛。种子椭圆状，稍扁压，近肉色。花果期5～10月。

生于海拔400～1000m的水田边、沟边及潮湿草地上。分布于安徽、福建、广东、广西、贵州、海南、湖北、湖南、江苏、江西、四川、台湾、云南、浙江。

嫩茎叶可食用。全草药用，具有清热解毒的功效。

铜锤玉带草　地钮子、地茄子
Lobelia nummularia

多年生草本，高 12～55cm，节上生根。叶互生，叶片圆卵形、心形或卵形，先端钝圆或急尖，基部斜心形，边缘有牙齿，两面疏生短柔毛，叶脉掌状至掌状羽脉。花单生叶腋；花梗无毛；花萼筒坛状，无毛，裂片条状披针形，伸直，每边生 2 或 3 枚小齿；花冠紫红色、淡紫色、绿色或黄白色，花冠筒外面无毛，内面生柔毛，檐部二唇形，裂片 5，上唇 2 裂片条状披针形，下唇裂片披针形。果为浆果，紫红色，椭圆状球形。种子多数，近圆球状，稍压扁，表面有小疣突。花果期全年。

生于海拔 400～1000m 的田边、路旁及丘陵、草坡或疏林中潮湿地。全国各地均有分布。

嫩茎叶可食用。全草晒干可供药用。

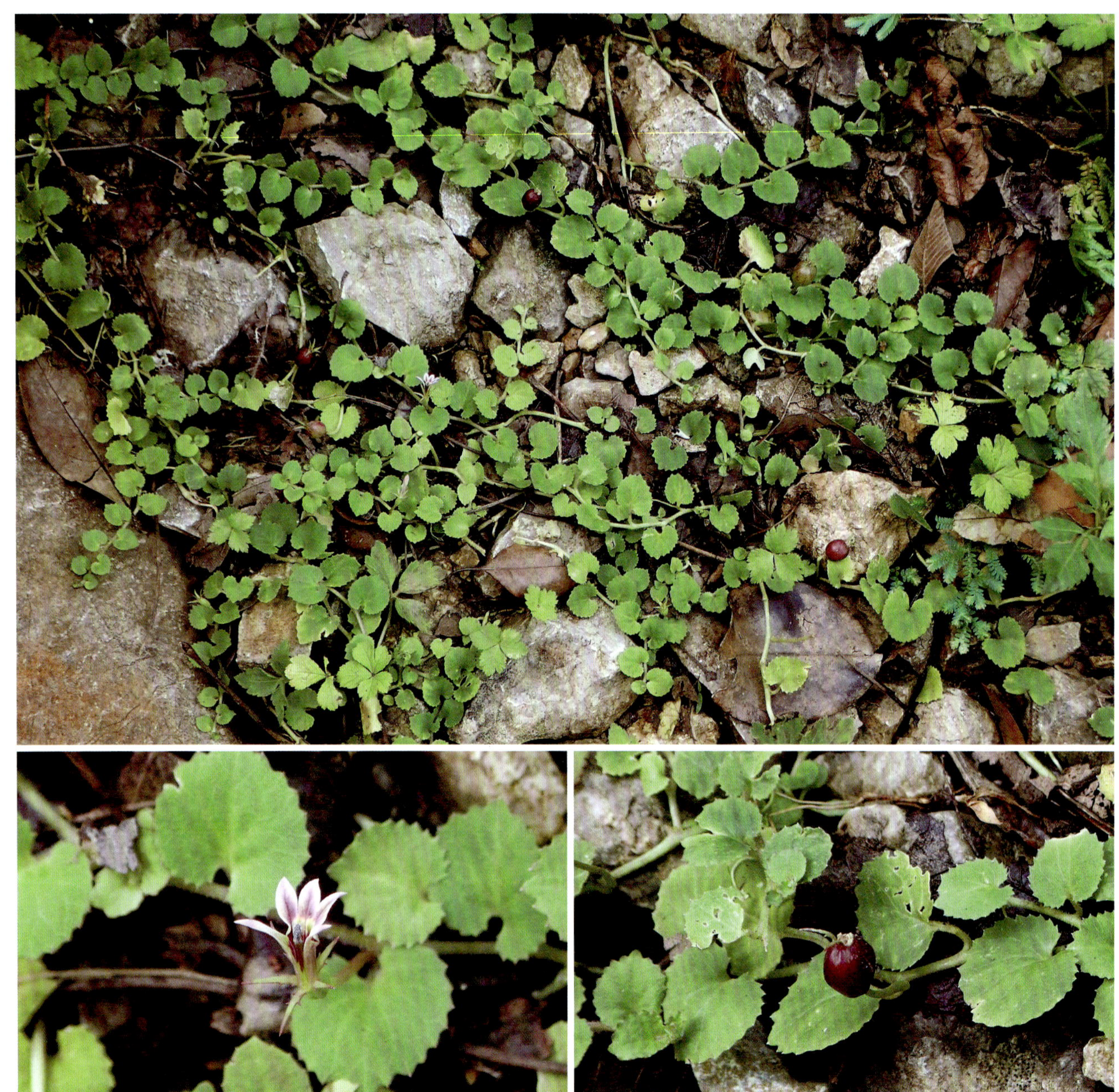

菊科 Asteraceae

牛蒡
Arctium lappa

二年生草本，高约2m。茎直立，粗壮，通常带紫红色或淡紫红色。基生叶宽卵形，长达30cm，宽达21cm，边缘具稀疏的浅波状凹齿或齿尖，基部心形，有长达32cm的叶柄，两面异色，腹面绿色，背面灰白色或淡绿色；茎生叶与基生叶同形或近同形。头状花序多数或少数在茎枝顶端排成疏松的伞房花序或圆锥状伞房花序；总苞卵形或卵球形；小花紫红色；花冠外面无腺点。瘦果倒长卵形或偏斜倒长卵形，两侧压扁，浅褐色，有多数细脉纹，有深褐色的色斑或无色斑。花果期6～9月。

生于海拔700～1000m的村庄路旁、河流、荒地、林缘、灌丛。除海南、台湾和西藏外，全国各地均有分布。

根、茎可食用。

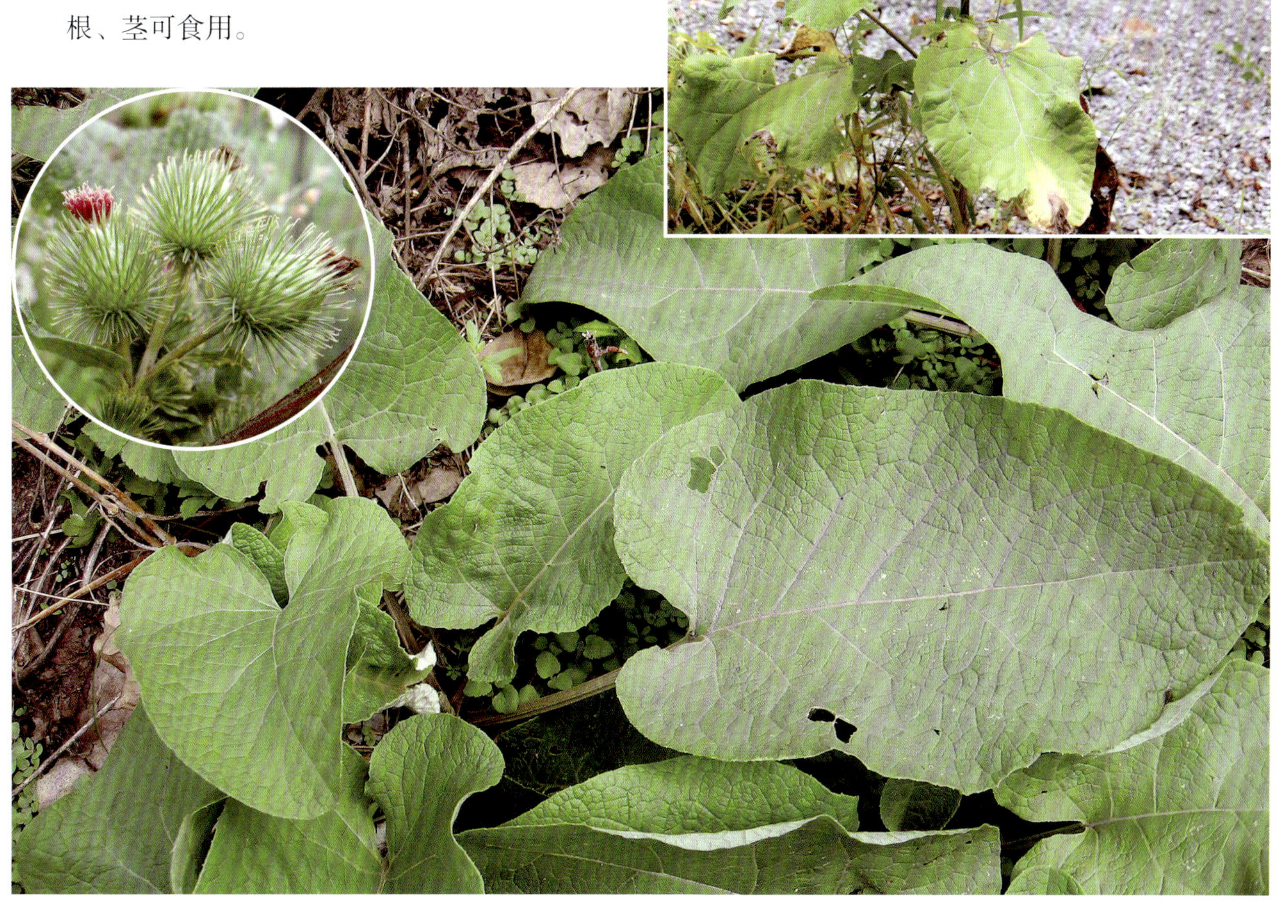

艾 艾蒿、白蒿、艾草

Artemisia argyi

多年生草本或略成半灌木状，植株有浓烈香气。茎单生或少数，高 80～150cm，有明显纵棱，褐色或灰黄褐色。叶厚纸质，腹面被灰白色短柔毛，并有白色腺点与小凹点，背面密被灰白色蛛丝状密绒毛。头状花序椭圆形，每数枚至 10 余枚在分枝上排成小型的穗状花序或复穗状花序；总苞片 3～4 层，覆瓦状排列；雌花 6～10 朵，花冠狭管状，檐部具 2 裂齿，紫色；两性花 8～12 朵，花冠管状或高脚杯状，外面有腺点，檐部紫色。瘦果长卵形或长圆形。花果期 7～10 月。

生于海拔 1000m 以下的荒地、路旁、河边和山坡。分布于安徽、福建、甘肃、广东、广西、贵州、河北、黑龙江、河南、湖北、湖南、江苏、江西、吉林、辽宁、内蒙古、宁夏、青海、陕西、山东、山西、四川、云南、浙江。

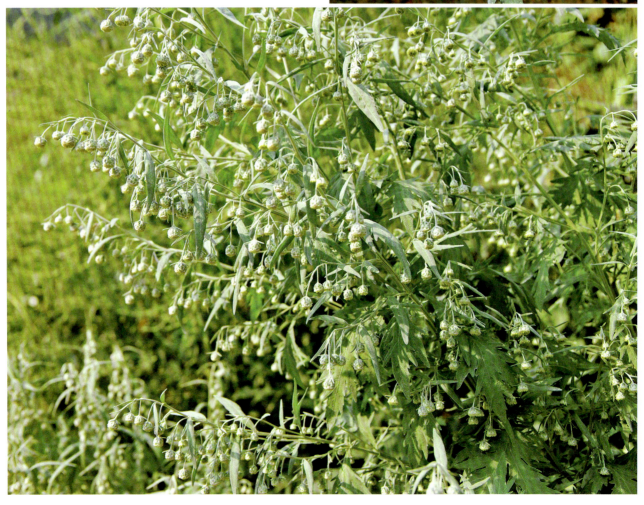

嫩叶和芽可作蔬菜食用。

马兰
Aster indicus

多年生草本，高 30～70cm。基部叶在花期枯萎；茎部叶倒披针形或倒卵状矩圆形，顶端钝或尖，基部渐狭成具翅的长柄。头状花序单生于枝端并排列成疏伞房状；总苞半球形，总苞片 2～3 层，覆瓦状排列，外层倒披针形，内层倒披针状矩圆形，顶端钝或稍尖，上部草质，有疏短毛，边缘膜质，有缘毛；花托圆锥形；舌状花 1 层，15～20 朵，舌片浅紫色；管状花被短密毛。瘦果倒卵状矩圆形，极扁，褐色，边缘浅色而有厚肋，上部被腺及短柔毛；冠毛易脱落，不等长。花果期 5～11 月。

生于海拔 1000m 以下的林缘、草地、河岸、田地、路边。分布于安徽、福建、甘肃、广东、广西、贵州、海南、河北、河南、湖北、湖南、江苏、江西、宁夏、陕西、山东、山西、四川、台湾、云南、浙江。

嫩茎叶可食用。全草可药用，具有清热解毒的功效。

三脉紫菀 野白菊花、山白菊

Aster trinervius subsp. **ageratoides**

多年生草本，高 40～100cm。下部叶在花期枯落，叶片宽卵圆形，急狭成长柄；中部叶椭圆形或长圆状披针形，中部以上急狭成楔形具宽翅的柄，顶端渐尖，边缘有 3～7 对浅或深锯齿；上部叶渐小，有浅齿或全缘；全部叶纸质，腹面被短糙毛，有离基三出脉，侧脉 3～4 对。头状花序排列成伞房状或圆锥伞房状；总苞倒锥状或半球状；总苞片 3 层，覆瓦状排列，线状长圆形，下部近革质或干膜质，上部绿色或紫褐色；舌状花十余朵，舌片线状长圆形，紫色、浅红色或白色；管状花黄色。瘦果倒卵状长圆形。花果期 7～12 月。

生于海拔 400～1000m 的林下、林缘、灌丛及山谷湿地。分布于安徽、福建、甘肃、广东、广西、贵州、海南、河北、黑龙江、河南、湖北、湖南、江苏、江西、吉林、辽宁、内蒙古、宁夏、青海、陕西、山东、山西、四川、西藏、云南、台湾、浙江。

嫩茎叶可食用。全草可药用，具有清热解毒的功效。

鬼针草 三叶鬼针草

Bidens pilosa

一年生草本，高 30～100cm。茎钝四棱形，无毛或上部被极稀疏的柔毛。茎下部叶较小，3 裂或不分裂，通常在开花前枯萎；中部叶具柄，三出，小叶 3，很少为具 5（～7）小叶的羽状复叶，两侧小叶椭圆形或卵状椭圆形，顶生小叶较大，长椭圆形或卵状长圆形。头状花序直，有花序梗；总苞基部被短柔毛，苞片 7～8，条状匙形，草质，边缘疏被短柔毛或几无毛，外层托片披针形，果时干膜质，背面褐色，具黄色边缘；无舌状花；盘花筒状，冠檐 5 齿裂。瘦果黑色，具棱，上部具稀疏瘤状突起及刚毛，顶端芒刺 3～4，具倒刺毛。花果期全年。

生于海拔 1000m 以下的村旁、路边及荒地。分布于安徽、福建、甘肃、广东、广西、贵州、海南、河北、河南、湖北、湖南、江西、辽宁、陕西、山东、山西、四川、台湾、西藏、云南、浙江。

嫩茎叶可食用。全草可入药。

野菊 路边黄、山菊花

Chrysanthemum indicum

多年生草本，高 0.25～1m。茎直立或铺散，分枝或仅在茎顶有伞房状花序分枝。基生叶和下部叶花期脱落；中部茎叶卵形、长卵形或椭圆状卵形，羽状半裂、浅裂或分裂不明显而边缘有浅锯齿，基部截形或稍心形或宽楔形。头状花序多数在茎枝顶端排成疏松的伞房圆锥花序或少数在茎顶排成伞房花序；总苞片约 5 层，外层卵形或卵状三角形，中层卵形，内层长椭圆形，全部苞片边缘白色或褐色宽膜质，顶端钝或圆；舌状花黄色。花期 6～11 月。

生于海拔 400～1100m 的山坡、草地、灌丛、河流、田野、路旁的潮湿处。分布于安徽、福建、广东、广西、贵州、河北、黑龙江、河南、湖北、湖南、江苏、江西、山东、四川、台湾、云南。

叶和花可鲜食。叶可煎煮药用。

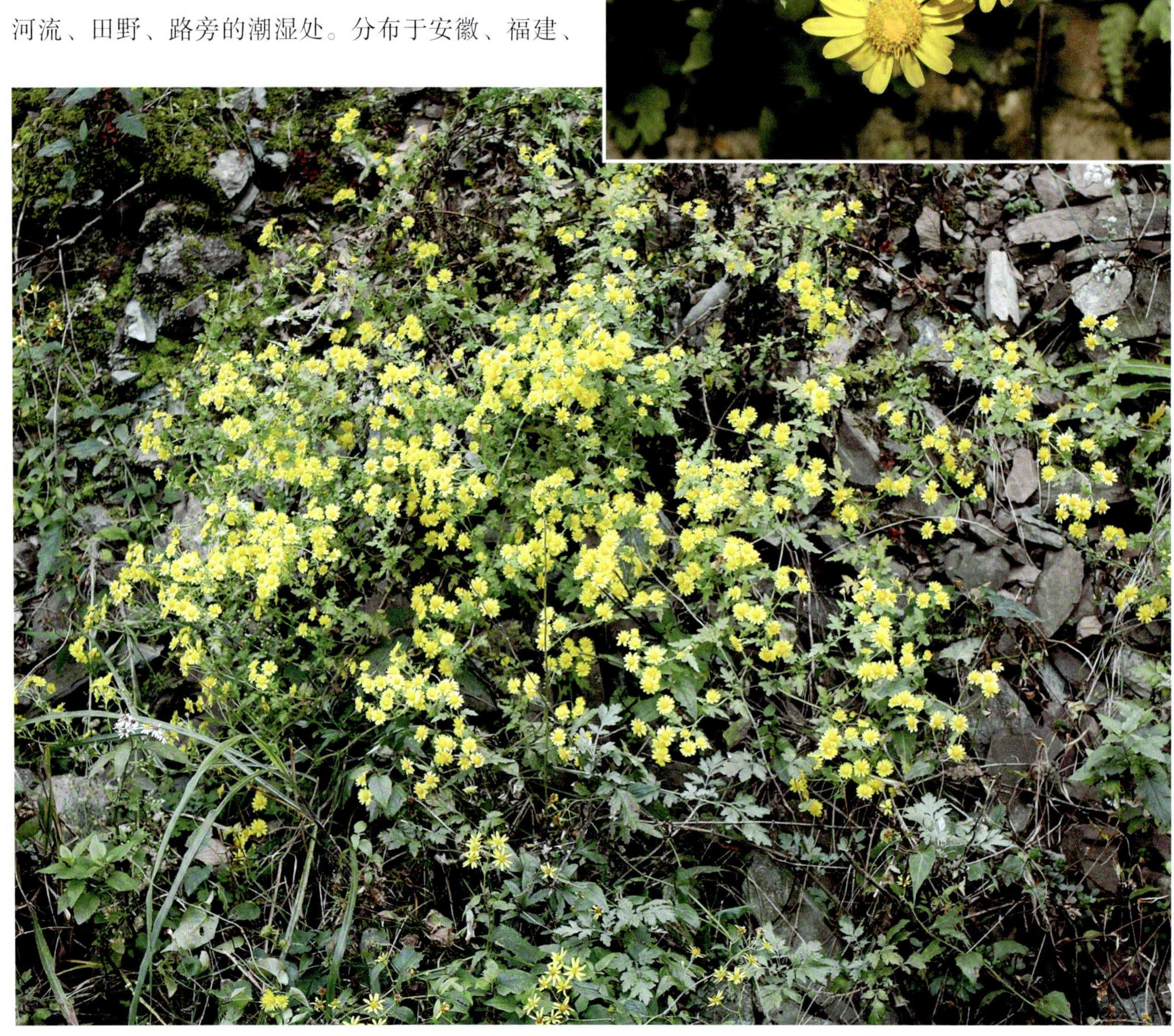

蓟 山萝卜、大蓟

Cirsium japonicum

多年生草本，高30～80cm。分枝或不分枝，全部茎枝有条棱。基生叶较大，全部卵形、长倒卵形、椭圆形或长椭圆形，羽状深裂或几全裂，基部渐狭成短或长翼柄，侧裂片6～12对，边缘有稀疏大小不等小锯齿；自基部向上的叶渐小，基部扩大半抱茎。头状花序直立，少有下垂的；总苞钟状，总苞片约6层，覆瓦状排列；小花红色或紫色；冠毛浅褐色，多层，整体脱落。瘦果压扁，顶端斜截形。花果期4～11月。

生于海拔400～1100m的山坡林中、林缘、灌丛、草地、荒地、田间、路旁或溪旁。分布于重庆、福建、广东、广西、贵州、河北、湖北、湖南、江苏、江西、内蒙古、青海、陕西、山东、四川、台湾、云南、浙江。

嫩茎叶可食用。全草可药用。

野茼蒿　革命菜

Crassocephalum crepidioides

直立草本，高 20～120cm。茎有纵条棱，无毛。叶膜质，椭圆形或长圆状椭圆形，顶端渐尖，基部楔形，边缘有不规则锯齿或重锯齿，或有时基部羽状裂。头状花序数个在茎端排成伞房状；总苞钟状，基部截形，总苞片 1 层，线状披针形，等长，具狭膜质边缘，顶端有簇状毛；小花全部管状，两性；花冠红褐色或橙红色，檐部 5 齿裂；花柱基部呈小球状，分枝，顶端尖，被乳头状毛。瘦果狭圆柱形，赤红色，有肋，被毛；冠毛极多数，白色绢毛状，易脱落。花期 7～12 月。

生于海拔 350～1000m 的山坡路旁、水边、灌丛。分布于福建、广东、广西、贵州、湖北、湖南、江西、四川、西藏、云南。

嫩叶可食用。

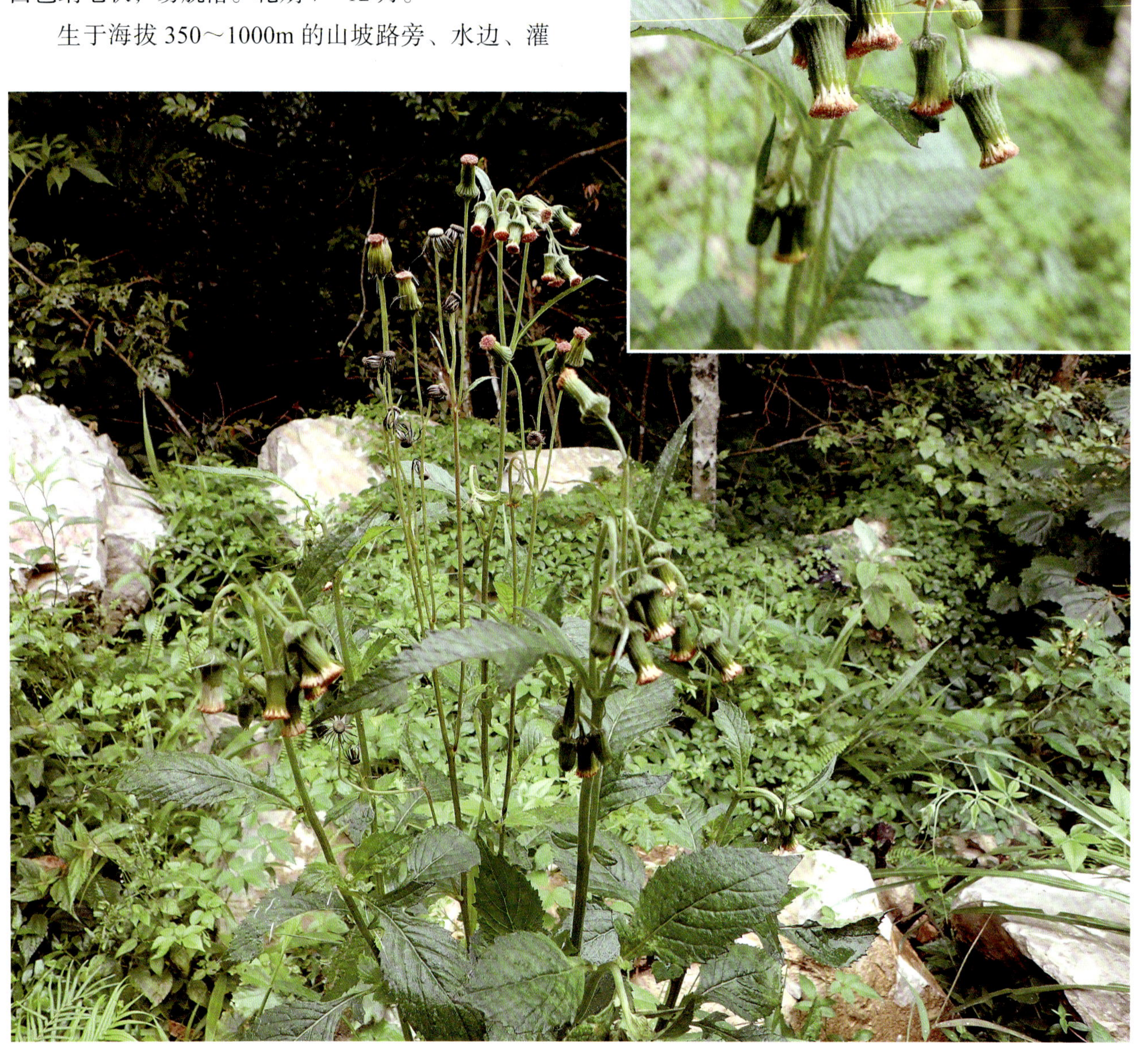

羊耳菊
Duhaldea cappa

亚灌木，高 70～200cm。茎全部被污白色或浅褐色绢状或棉状密茸毛，上部或从中部起有分枝，全部有多少密生的叶，下部叶在花期脱落后留有被白色或污白色棉毛的腋芽。叶多少开展，长圆形或长圆状披针形，叶基部圆形或近楔形，顶端钝或急尖，边缘有小尖头状细齿或浅齿，腹面被基部疣状的密糙毛，沿中脉被较密的毛，背面被白色或污白色绢状厚茸毛。头状花序倒卵圆形，多数密集于茎和枝端成聚伞圆锥花序，被绢状密茸毛，有线形的苞叶；总苞近钟形，总苞片约 5 层，线状披针形。瘦果长圆柱形，被白色长绢毛。花果期 6～12 月。

生于海拔 500～1000m 的低山、荒地、灌丛或草地。分布于福建、广东、广西、贵州、海南、四川、云南、浙江。

嫩茎叶可食用；全草可食用和药用。

鳢肠 旱莲草、墨菜

Eclipta prostrata

一年生草本，高达60cm。通常自基部分枝，被贴生糙毛。叶长圆状披针形或披针形，无柄或有极短的柄，顶端尖或渐尖，边缘有细锯齿或有时仅波状，两面被密硬糙毛。头状花序有细花序梗；总苞球状钟形，总苞片绿色，草质，5～6个排成2层，长圆形或长圆状披针形，外层较内层稍短，背面及边缘被白色短伏毛；外围的雌花2层，舌状，舌片短，顶端2浅裂或全缘；中央的两性花多数，花冠管状，白色，顶端4齿裂。瘦果暗褐色，雌花的瘦果三棱形，两性花的瘦果扁四棱形，顶端截形，具1～3个细齿。花期6～9月。

生于海拔1000m以下的河边、田野、废弃池塘、路旁。分布于安徽、福建、甘肃、广西、贵州、河北、河南、湖北、湖南、江苏、江西、吉林、辽宁、陕西、山东、山西、四川、台湾、云南、浙江。

茎叶可食用，民间常用作猪饲料。

小蓬草 加拿大蓬、飞蓬、小飞蓬
Erigeron canadensis

一年生草本，高 50～100cm 或更高。根纺锤状，具纤维状根。叶密集，基部叶花期常枯萎，下部叶倒披针形。头状花序多数，小，排列成顶生多分枝的大圆锥花序；花序梗细；总苞近圆柱状，总苞片 2～3 层，淡绿色，线状披针形或线形，顶端渐尖；雌花多数，舌状，白色，舌片小，稍超出花盘，线形，顶端具 2 个钝小齿；两性花淡黄色，花冠管状，上端具 4 或 5 个齿裂，管部上部被疏微毛。瘦果线状披针形。花期 5～9 月。

生于海拔 1000m 以下的荒地、田边和路旁。全国各地均有分布。

嫩茎、叶可食用，可作猪饲料。

鼠麹草

Gnaphalium affine

二年生草本，高 15～40cm。茎上枝密被白色厚棉毛。叶薄；下部叶比中间茎生叶小；茎生叶具匙形；两面白色具角，基部有角，狭窄，无柄，下延，边缘全缘，先端圆形，具短尖。头状花序多数，密聚在顶生伞房中，短的宽卵形，里面的长圆形的先端钝；外花多数，直径约 1.75mm；中央小花 5～10 朵；花冠约 2mm。瘦果长圆形，压扁，有乳头状突起。

生于海拔 1000m 以下的荒地和农田。分布于安徽、福建、广东、广西、贵州、海南、河南、湖北、湖南、江苏、江西、陕西、山东、四川、台湾、西藏、云南、浙江。

幼苗、嫩茎叶可食用。茎叶可药用。

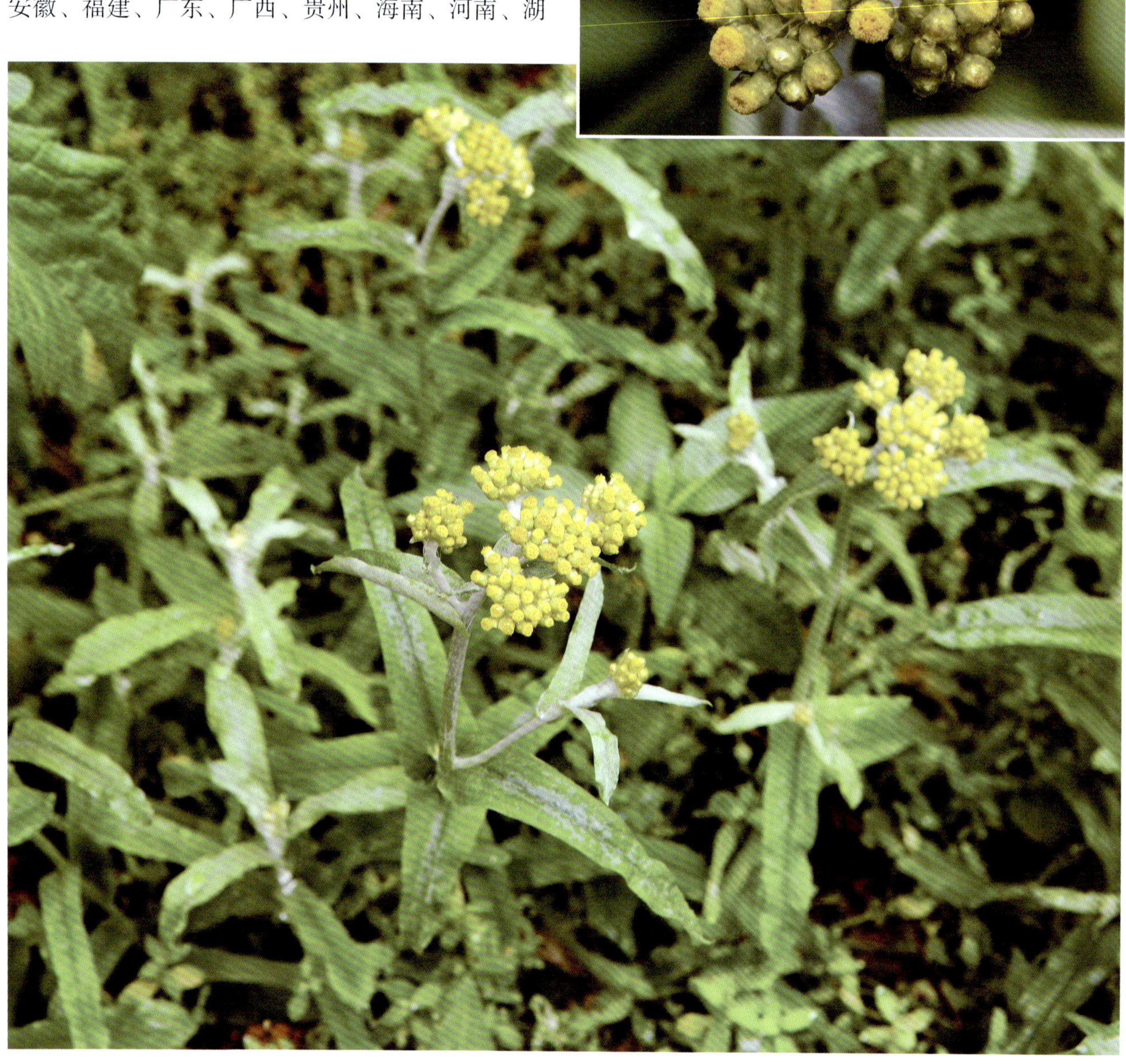

红凤菜 两色三七草、红菜、白背三七

Gynura bicolor

多年生草本，高 50～100cm，全株无毛。叶片倒卵形或倒披针形，稀长圆状披针形，顶端尖或渐尖，基部楔状渐狭成具翅的叶柄，或近无柄而多少扩大，但不形成叶耳，叶缘有不规则的波状齿或小尖齿，稀近基部羽状浅裂，侧脉 7～9 对，两面无毛。头状花序多数，在茎、枝端排列成疏伞房状；总苞狭钟状，基部有 7～9 个线形小苞片，总苞片 1 层，背面具 3 条明显的肋，无毛；小花橙黄色至红色；花冠明显伸出总苞。瘦果圆柱形，淡褐色，具 10～15 肋，无毛；冠毛丰富，白色绢毛状，易脱落。花果期 5～10 月。

生于海拔 600～1000m 的山坡林下、岩石上或河边湿处。分布于广东、广西、贵州、四川、台湾、云南。

嫩茎叶可食用，鲜用或晒干。

白子菜 大肥牛、叉花土三七
Gynura divaricata

多年生草本，高 30～60cm。茎直立，或基部多少斜升，木质，干时具条棱，不分枝或有时上部有花序枝，无毛或被短柔毛，稍带紫色。叶质厚，通常集中于下部，具柄或近无柄；叶片卵形，椭圆形或倒披针形，顶端钝或急尖，基部楔状狭或下延成叶柄，近截形或微心形，边缘具粗齿。头状花序，通常 3～5 个在茎或枝端排成疏伞房状圆锥花序，常呈叉状分枝；总苞钟状，基部有数个线状或丝状小苞片，总苞片 1 层，狭披针形，顶端渐尖，呈长三角形，边缘干膜质，背面具 3 脉；小花橙黄色，有香气，略伸出总苞；冠毛白色，绢毛状。花果期 8～10 月。

生于海拔 600～800m 的山坡草地、荒坡和田边潮湿处。分布于广东、贵州、海南、四川、云南。

嫩茎叶可食用，鲜用或晒干。

菊三七 三七草
Gynura japonica

多年生草本，高 60～150cm。根粗大成块状，有多数纤维状根茎直立，中空，基部木质。基部叶在花期常枯萎；基部和下部叶较小，椭圆形，不分裂至大头羽状，顶裂片大，中部叶大，具长或短柄，叶柄基部有圆形，具齿或羽状裂的叶耳，多少抱茎；叶片椭圆形或长圆状椭圆形，羽状深裂，顶裂片大，倒卵形、长圆形至长圆状披针形。头状花序多数，花茎枝端排成伞房状圆锥花序，每一花序枝有 3～8 个头状花序；小花 50～100 朵；花冠黄色或橙黄色。瘦果圆柱形，棕褐色；冠毛丰富，白色，绢毛状，易脱落。花果期 8～10 月。

生于海拔 900～1000m 的山谷、山坡草地、林下或林缘。分布于安徽、福建、广西、贵州、湖北、湖南、江西、陕西、四川、台湾、云南、浙江。

嫩茎叶可食用，鲜用或晒干。

菊芋　洋羌

Helianthus tuberosus

多年生草本，高 1～3m。茎直立，有分枝，被白色短糙毛或刚毛。叶通常对生，有叶柄，但上部叶互生；下部叶卵圆形或卵状椭圆形，有长柄，基部宽楔形或圆形，有时微心形。头状花序较大，单生于枝端，有 1～2 个线状披针形的苞叶；总苞片多层，披针形；托片长圆形，背面有肋、上端不等 3 浅裂；舌状花通常 12～20 朵，舌片黄色，开展，长椭圆形；管状花花冠黄色。瘦果小，楔形，上端有 2～4 个有毛的锥状扁芒。花期 8～9 月。

生于海拔 400～900m 的路旁、田野、荒地等处。全国各地广泛栽培。

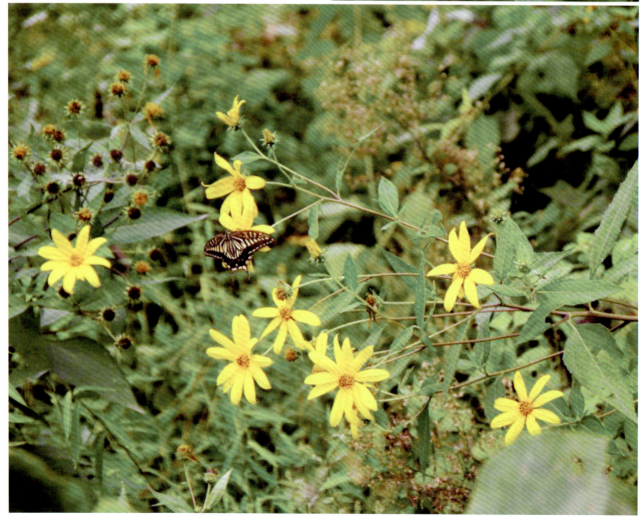

新鲜的茎叶、块茎可食用。

苦荬菜
Ixeris polycephala

一年生草本，高10～80cm。茎直立，无毛。基生叶花期生存，线形或线状披针形；中下部茎叶披针形或线形，顶端急尖。头状花序多数，在茎枝顶端排成伞房状花序；花序梗细；总苞圆柱状，果期扩大成卵球形，总苞片3层；舌状小花10～25朵，黄色，极少白色。瘦果椭圆形，褐色。花果期2～10月。

生于海拔400～1000m的山坡林缘、灌丛、草地、田野路旁。分布于安徽、重庆、福建、广东、广西、贵州、河南、湖北、湖南、江苏、江西、陕西、山东、四川、台湾、云南、浙江。

嫩茎叶可食用。

野莴苣

Lactuca serriola

一年生草本，高 50～80cm。茎单生，直立，无毛或有时有白色茎刺，上部圆锥状花序分枝或自基部分枝。中下部茎叶倒披针形或长椭圆形，倒向羽状或羽状浅裂、半裂或深裂，有时茎叶不裂，全部叶或裂片边缘有细齿或刺齿或细刺或全缘，背面沿中脉有刺毛，刺毛黄色。头状花序多数，在茎枝顶端排成圆锥状花序；总苞果期卵球形，总苞片约 5 层，全部总苞片顶端急尖，外面无毛；舌状小花 15～25 朵，黄色。瘦果倒披针形；冠毛白色，微锯齿状。花果期 6～8 月。

生于海拔 500～1000m 的荒地、路旁、河滩砾石地、山坡石缝中及草地。分布于贵州、台湾、新疆。

嫩叶可作野菜食用。

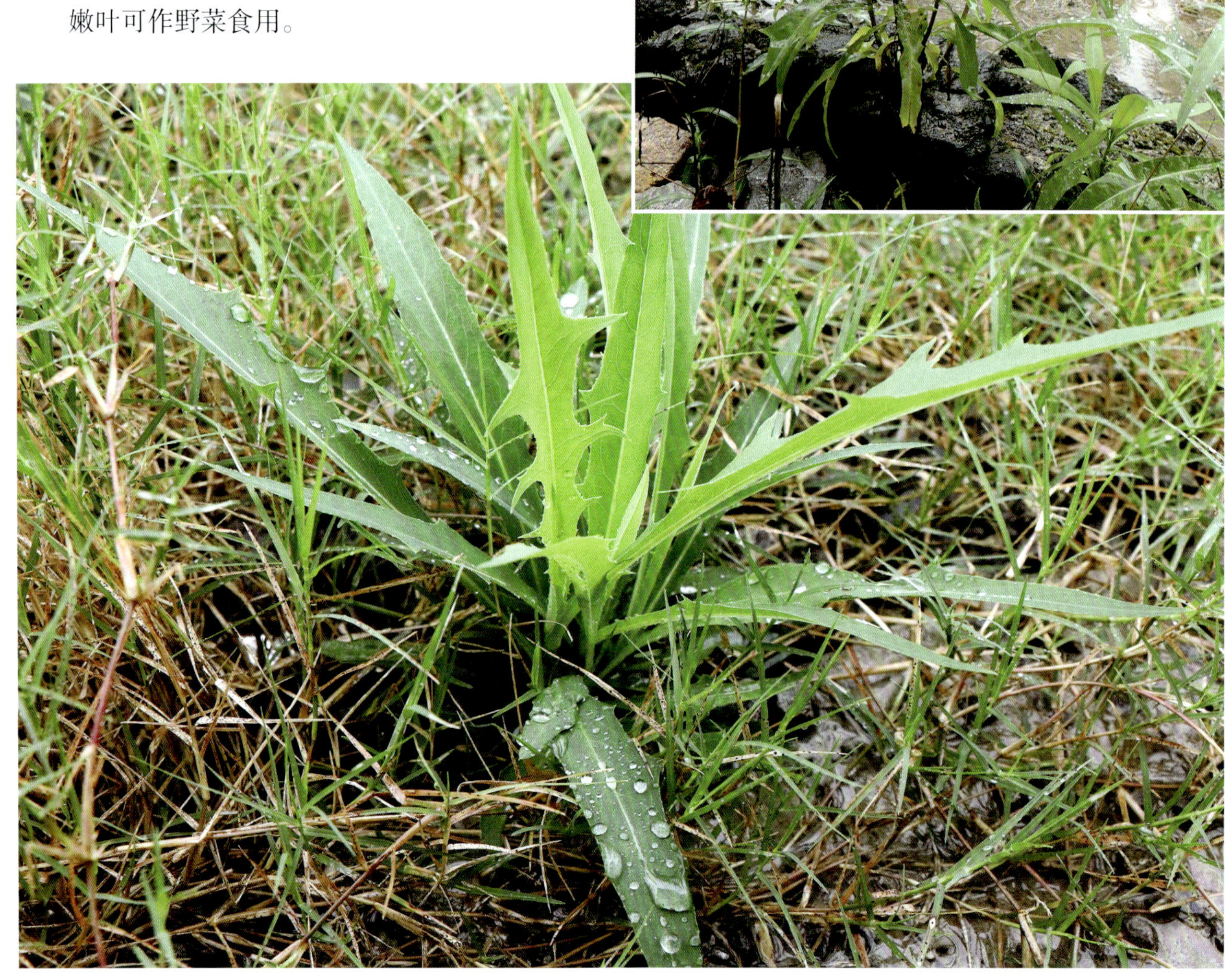

稻槎菜
Lapsanastrum apogonoides

一年生矮小草本，高7～20cm。茎自基部发出多数或少数的簇生分枝及莲座状叶丛。基生叶全形椭圆形、长椭圆状匙形或长匙形，头羽状全裂或几全裂。头状花序小，果期下垂或歪斜，少数在茎枝顶端排列成疏松的伞房状圆锥花序；花序梗纤细；总苞椭圆形或长圆形，总苞片2层，全部总苞片草质，外面无毛；舌状小花黄色，两性。瘦果淡黄色，有12条粗细不等细纵肋，无冠毛。花果期1～6月。

生于低海拔的田野、荒地及路边。分布于安徽、福建、广东、广西、贵州、湖南、江苏、江西、陕西、台湾、云南、浙江。

嫩茎叶可食用，常用作猪饲料。

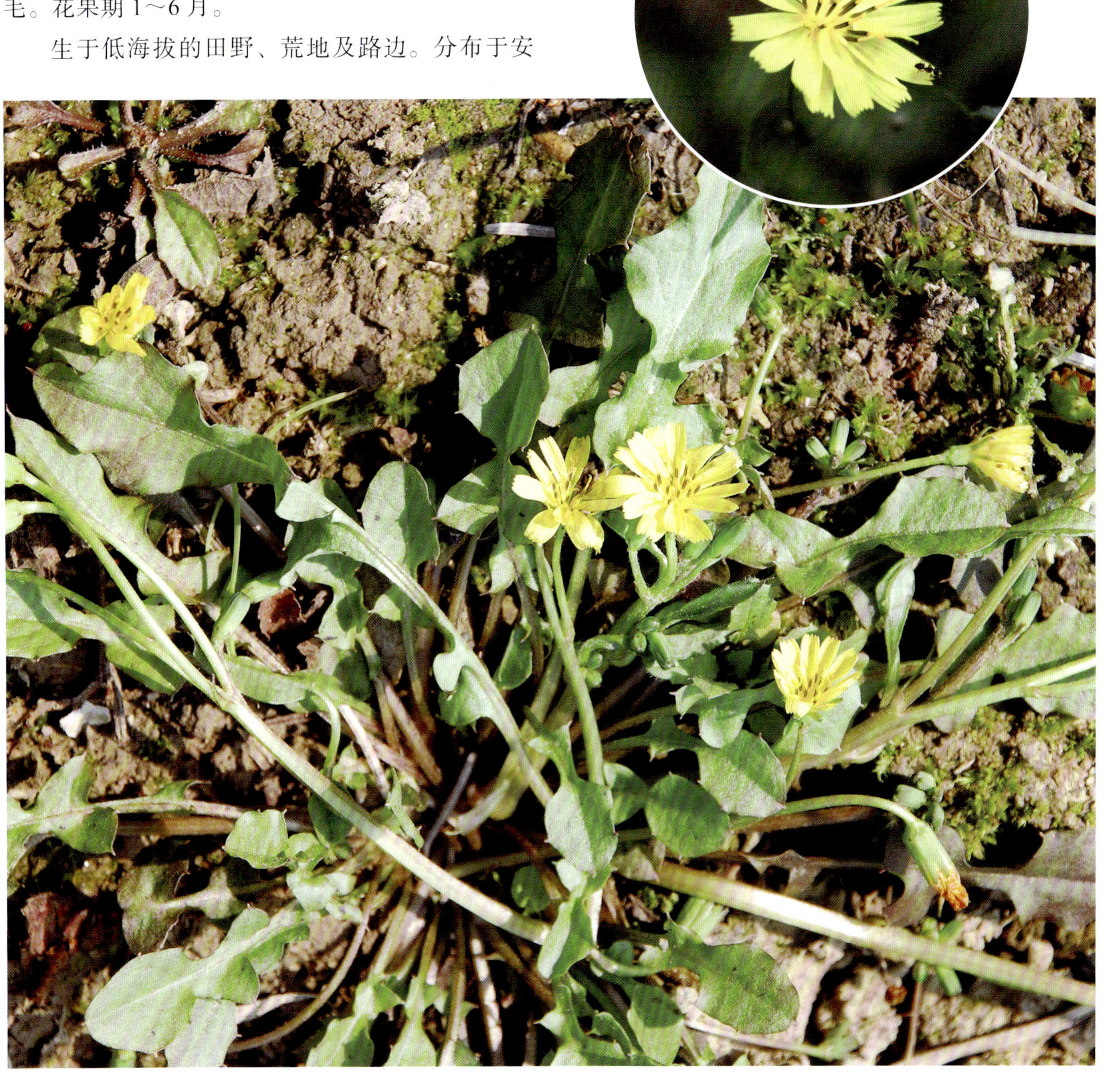

千里光 九里明

Senecio scandens

多年生攀援草本，长2～5m。茎多分枝。叶具柄，叶片卵状披针形至长三角形，顶端渐尖，基部宽楔形、截形、戟形或稀心形，通常具浅或深齿，稀全缘，有时具细裂或羽状浅裂。头状花序有舌状花，多数，在茎枝端排列成顶生复聚伞圆锥花序；分枝和花序梗被密至疏短柔毛；总苞圆柱状钟形，苞片约8，线状钻形，总苞片12～13，线状披针形，渐尖，上端和上部边缘有缘毛状短柔毛，具3脉；舌状花8～10朵，舌片黄色，长圆形，具3细齿，具4脉；管状花多数；花冠黄色，檐部漏斗状。瘦果圆柱形，被柔毛；冠毛白色。

生于海拔500～1000m的林下、灌丛或溪边。分布于安徽、福建、广东、广西、贵州、湖北、湖南、江西、陕西、四川、台湾、西藏、云南、浙江。

叶可食用。

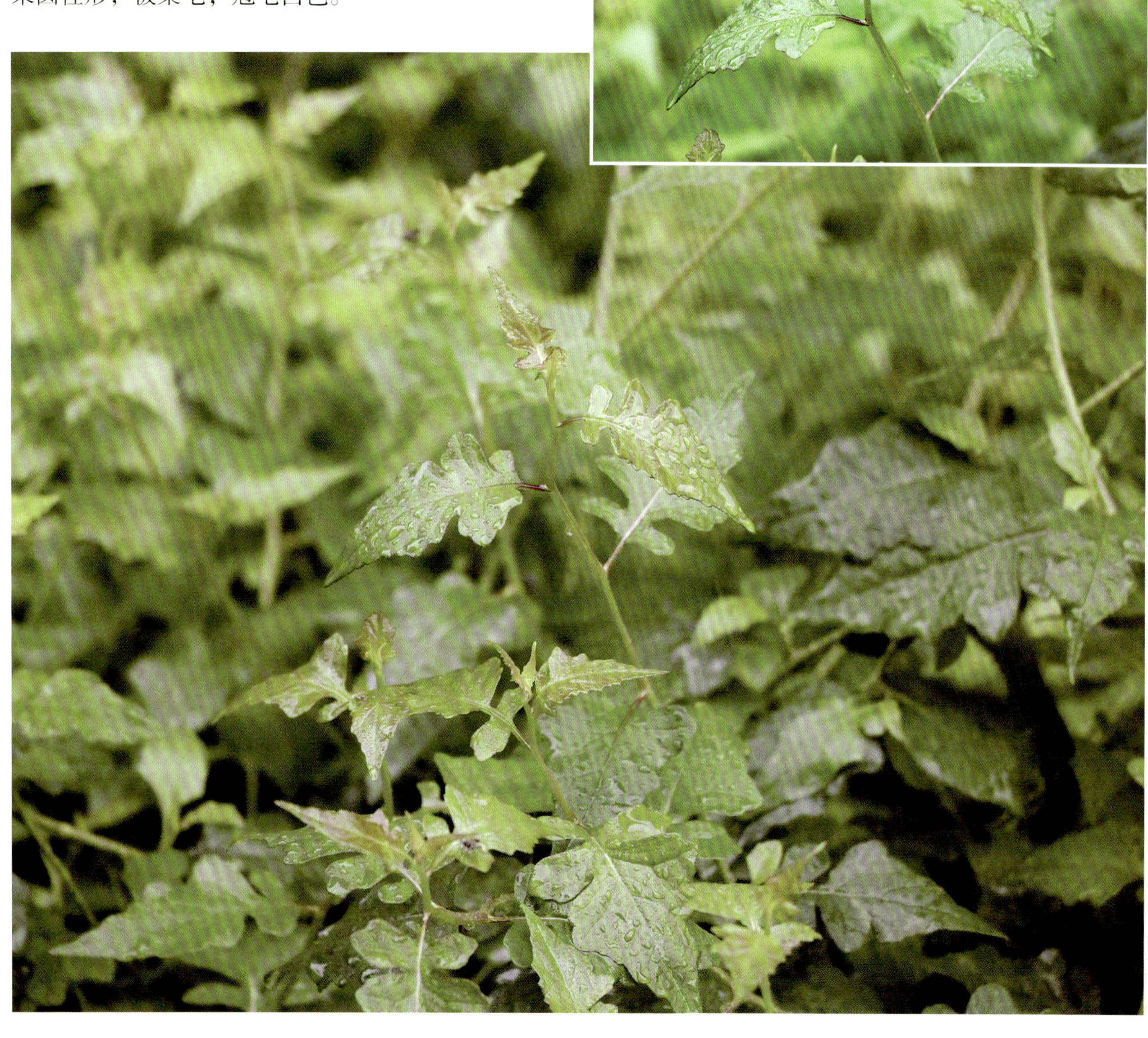

蒲公英
Taraxacum mongolicum

多年生草本。叶倒卵状披针形、倒披针形或长圆状披针形，边缘有时具波状齿或羽状深裂。花葶1至数个，高10～25cm，上部紫红色，密被蛛丝状白色长柔毛；头状花序总苞钟状，淡绿色，总苞片2～3层；舌状花黄色，边缘花舌片背面具紫红色条纹；花药和柱头暗绿色。瘦果倒卵状披针形，暗褐色，上部具小刺，下部具成行排列的小瘤，顶端逐渐收缩为长约1mm的圆锥形至圆柱形喙基；冠毛白色。花果期4～10月。

生于海拔600～800m的山坡、路边、田野、河滩。分布于安徽、福建、甘肃、广东、贵州、河北、黑龙江、河南、湖北、湖南、内蒙古、江苏、吉林、辽宁、青海、山西、陕西、山东、四川、台湾、云南、浙江。

全草可食用和药用。

黄鹌菜
Youngia japonica

一年生草本，高 10～100cm。根垂直直伸，生多数须根。茎直立，单生或少数茎成簇生，粗壮或细，顶端伞房花序状分枝或下部有长分枝，下部被稀疏的皱波状长或短毛。基生叶全形倒披针形、椭圆形、长椭圆形或宽线形，大头羽状深裂或全裂，极少有不裂的；无茎叶或极少有 1（～2）枚茎生叶，且与基生叶同形并等样分裂；全部叶及叶柄被皱波状长或短柔毛。头状花序含 10～20 朵舌状小花，少数或多数在茎枝顶端排成伞房花序；花序梗细；舌状小花黄色；花冠管外面有短柔毛。瘦果纺锤形，压扁，褐色或红褐色。花果期 4～10 月。

生于海拔 400～1000m 的山坡、林缘、林下、河边沼泽地、田间与荒地上。分布于安徽、北京、福建、广东、广西、贵州、甘肃、河南、湖北、湖南、江苏、江西、陕西、山东、四川、西藏、云南、浙江。

花蕾、茎叶可食，煮食或炒食。

忍冬科 Caprifoliaceae

忍冬　金银花
Lonicera japonica

多年生木质藤本。叶纸质，卵形至矩圆状卵形，有时卵状披针形，稀圆卵形或倒卵形，极少有1至数个钝缺刻，小枝上部叶通常两面均密被短糙毛，下部叶常平滑无毛而背面多少带青灰色。总花梗通常单生于小枝上部叶腋，与叶柄等长或稍较短；苞片大，叶状，卵形至椭圆形；花冠白色，有时基部向阳面呈微红，后变黄色，唇形。果实圆形，熟时蓝黑色，有光泽。种子卵圆形或椭圆形，褐色，中部有1凸起的脊，两侧有浅的横沟纹。花果期4～11月。

生于海拔1000m以下的灌丛、疏林、山坡和路旁。分布于安徽、福建、甘肃、广东、广西、贵州、河北、河南、湖北、湖南、江苏、江西、吉林、辽宁、陕西、山东、山西、四川、台湾、云南、浙江。

花蕾可食用，晒干后可泡水。

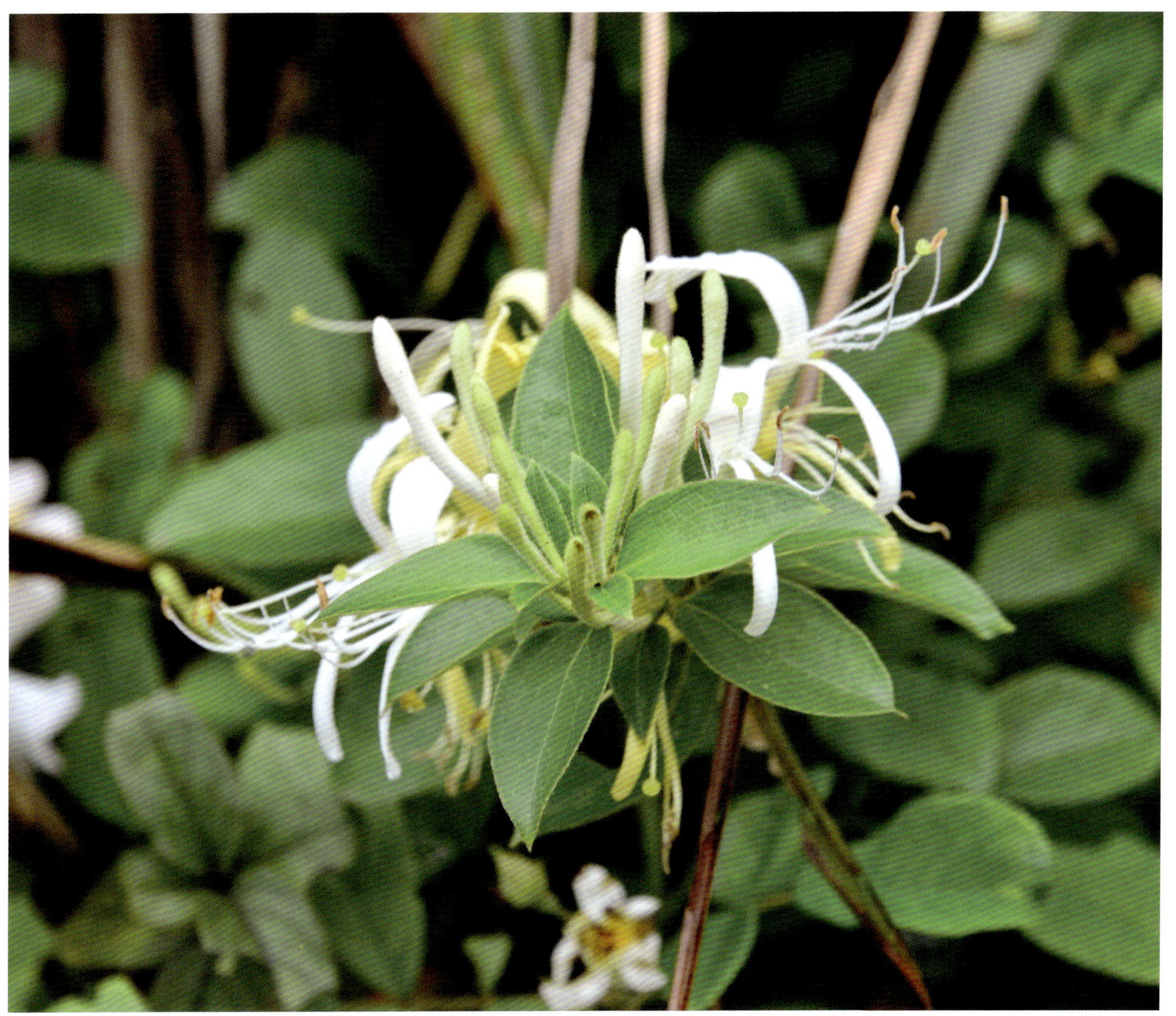

攀倒甑　白花败酱
Patrinia villosa

多年生草本，高 50～100cm。茎密被白色倒生粗毛或仅沿二叶柄相连的侧面具纵列倒生短粗伏毛，有时几无毛。基生叶丛生，叶片卵形、宽卵形或卵状披针形至长圆状披针形，先端渐尖，边缘具粗钝齿，基部楔形下延，不分裂或大头羽状深裂。由聚伞花序组成顶生圆锥花序或伞房花序，分枝达 5～6 级；花序梗密被长粗糙毛或仅二纵列粗糙毛；总苞叶卵状披针形至线状披针形或线形；花萼小，萼齿 5，浅波状或浅钝裂状；花冠钟形，白色，5 深裂，裂片不等形。瘦果倒卵形，与宿存增大苞片贴生。花果期 8～11 月。

生于海拔 400～1000m 的山地林下、林缘或灌丛中、草丛中。分布于安徽、重庆、福建、广东、广西、贵州、河南、湖北、湖南、江苏、江西、辽宁、台湾、浙江。

嫩苗作蔬菜食用。

五加科 Araliaceae

黄毛楤木 楤木
Aralia chinensis

灌木或乔木，高 2～8m。树皮灰色，疏生粗壮直刺。叶为二回或三回羽状复叶；托叶与叶柄基部合生，纸质，耳廓形，叶轴无刺或有细刺；羽片有小叶 5～11，稀 13，基部有小叶 1 对；小叶片纸质至薄革质，卵形、阔卵形或长卵形。圆锥花序大，长 30～60cm；分枝长 20～35cm，密生淡黄棕色或灰色短柔毛；伞形花序有花多数；花白色，芳香；萼无毛；花瓣 5，卵状三角形；雄蕊 5；子房 5 室，花柱 5，离生或基部合生。果实球形，黑色，有 5 棱；宿存花柱离生或合生至中部。花果期 9 月至翌年 1 月。

生于海拔 800～1000m 的林缘、灌丛中。分布于福建、广东、广西、贵州、海南、江西。

嫩芽作为山野菜食用。

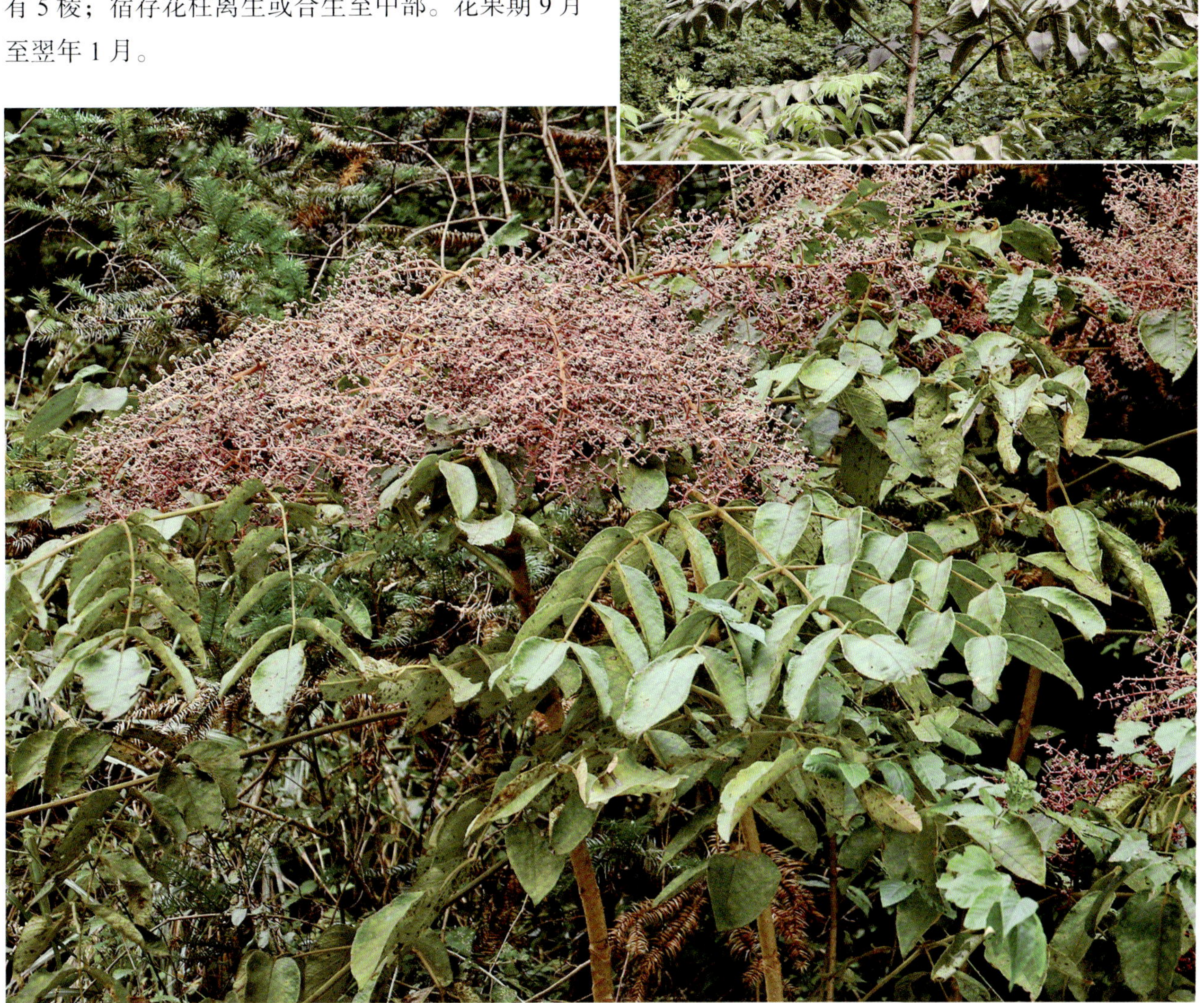

白簕
Eleutherococcus trifoliatus

灌木，高 1～7m。枝软弱铺散，疏生下向刺。叶有小叶 3，稀 4～5；小叶片纸质，稀膜质，椭圆状卵形至椭圆状长圆形，稀倒卵形，边缘有细锯齿或钝齿。伞形花序 3～10 个、稀多至 20 个组成顶生复伞形花序或圆锥花序，有花多数，稀少数；花黄绿色；萼边缘有 5 个三角形小齿；花瓣 5，三角状卵形，开花时反曲；雄蕊 5；子房 2 室，花柱 2，基部或中部以下合生。果实扁球形，黑色。花果期 8～12 月。

生于海拔 1000m 以下的村落、山坡路旁、林缘和灌丛中。分布于安徽、福建、广东、广西、贵州、湖南、湖北、江苏、江西、四川、台湾、云南、浙江。

嫩叶可食用，营养价值高。

刺楸
Kalopanax septemlobus

落叶乔木，高约10m，最高可达30m。小枝散生粗刺。叶片纸质，圆形或近圆形，掌状5～7浅裂。圆锥花序大；伞形花序有花多数；花白色或淡绿黄色；萼无毛，边缘有5个小齿；花瓣5，三角状卵形；雄蕊5；子房2室，花盘隆起，花柱合生成柱状，柱头离生。果实球形，蓝黑色；花柱宿存。花果期7～12月。

生于海拔1200m以下的林下、灌木丛中和林缘。分布于安徽、福建、广东、广西、贵州、河北、河南、湖北、湖南、江苏、江西、辽宁、陕西、山东、山西、四川、云南、浙江。

嫩叶可食用。

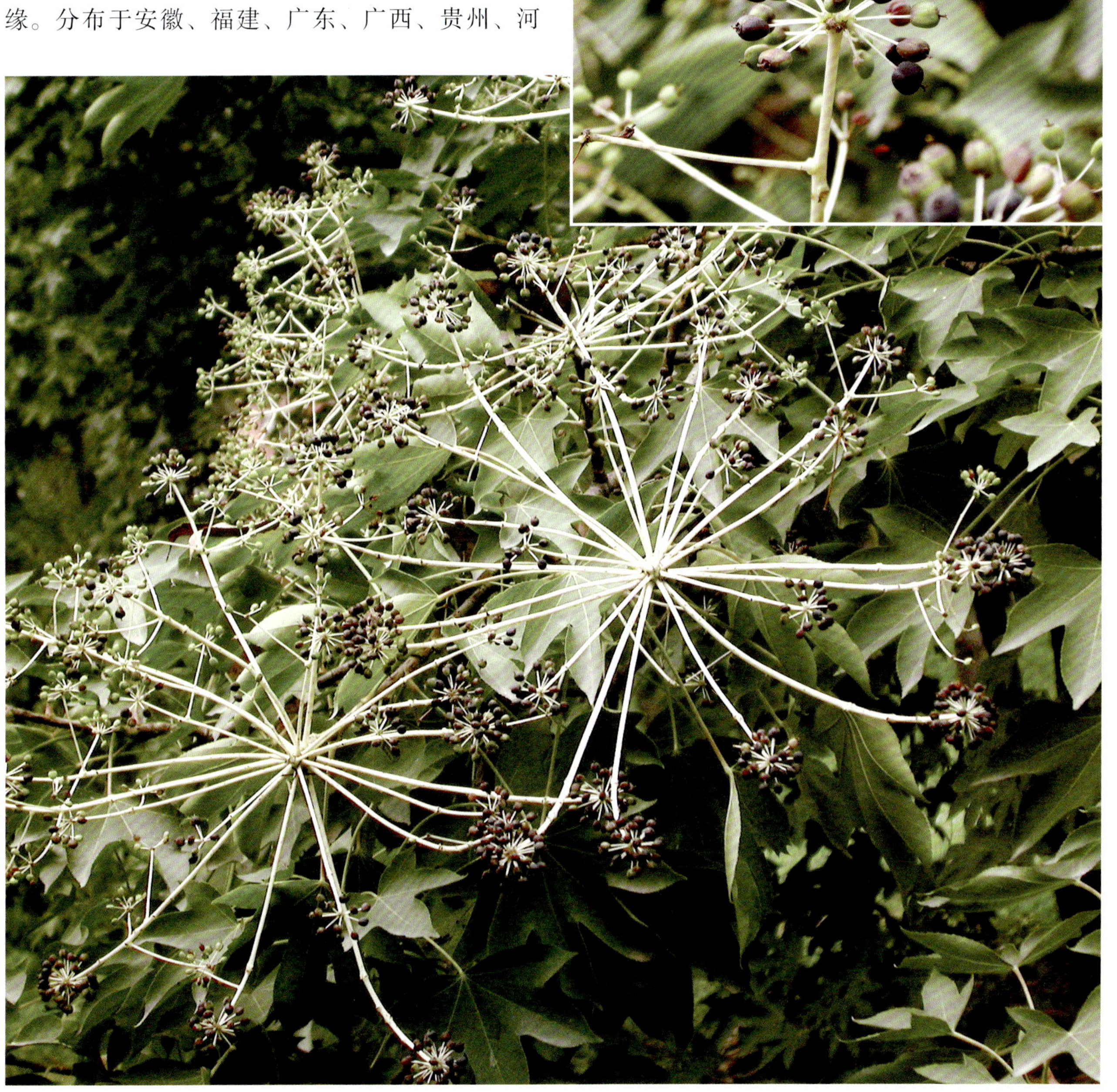

鹅掌柴
Schefflera heptaphylla

乔木或灌木，高2～15m。叶有小叶6～9，最多至11；叶柄疏生星状短柔毛或无毛；小叶片纸质至革质，椭圆形、长圆状椭圆形或倒卵状椭圆形，稀椭圆状披针形。圆锥花序顶生，长20～30cm，主轴和分枝幼时密生星状短柔毛，后毛渐脱稀；分枝斜生，有总状排列的伞形花序几个至十几个，间或有单生花1～2朵；伞形花序有花10～15朵；花白色；萼幼时有星状短柔毛，后变无毛，边缘近全缘或有5～6个小齿；花瓣5～6，开花时反曲，无毛。果实球形，黑色，有不明显的棱。花果期9月至翌年2月。

生于海拔400～800m的林下或向阳坡上。分布于福建、广东、广西、贵州、湖南、江西、台湾、西藏、云南、浙江。

嫩叶可食用。

伞形科 Apiaceae

积雪草
Centella asiatica

多年生草本。茎匍匐，细长，节上生根。叶片膜质至草质，圆形、肾形或马蹄形，边缘有钝锯齿，基部阔心形，两面无毛或在背面脉上疏生柔毛；掌状脉5～7，两面隆起，脉上部分叉。伞形花序梗2～4个，聚生于叶腋；苞片通常2，很少3，卵形，膜质；每一伞形花序有花3～4朵，聚集呈头状；花瓣卵形，紫红色或乳白色，膜质。果实两侧扁压，圆球形，基部心形至平截形，每侧有纵棱数条，棱间有明显的小横脉，网状，表面有毛或平滑。花果期4～10月。

生于海拔400～1000m阴湿的草地或水沟边。分布于安徽、福建、广东、广西、湖北、湖南、江苏、江西、陕西、四川、台湾、云南、浙江。

全草可食用和药用，具有清热利湿、消肿解毒的功效。

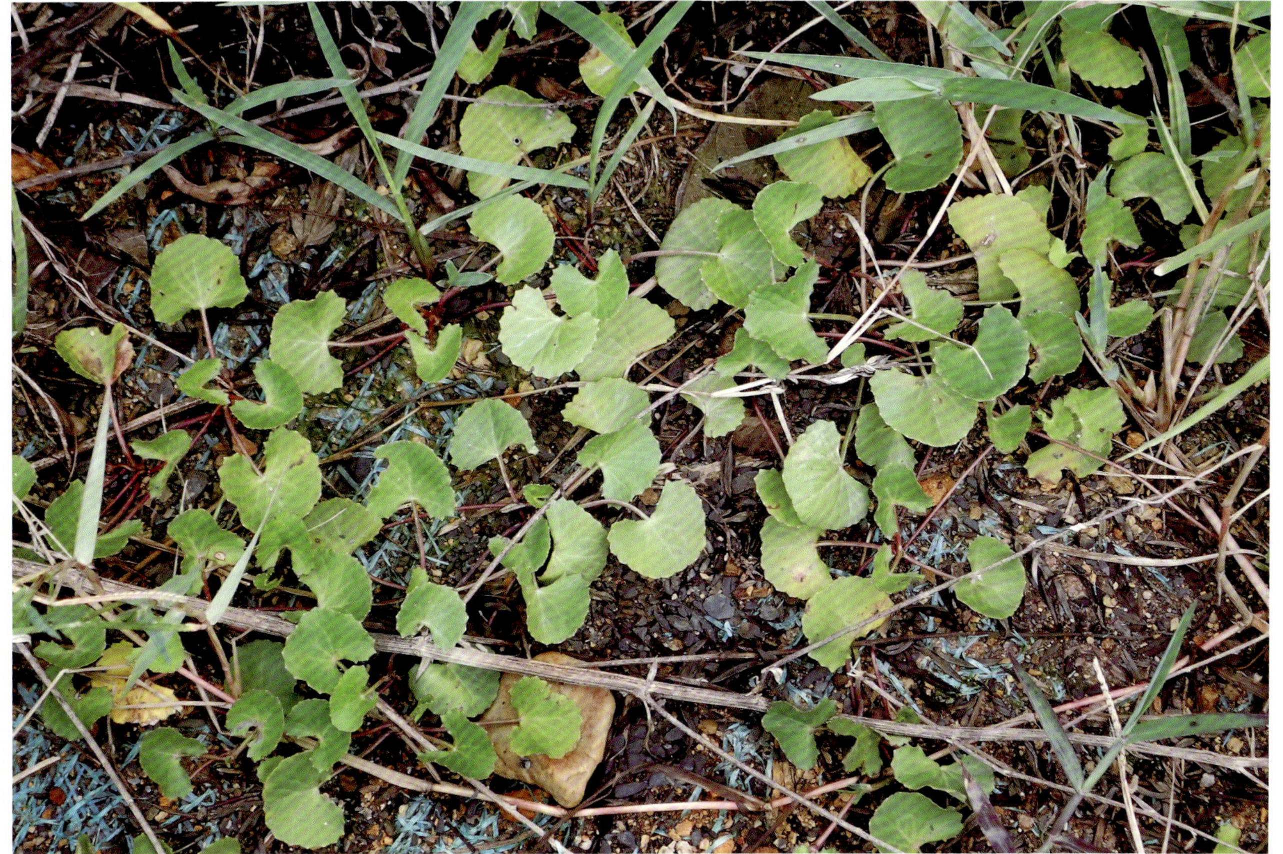

鸭儿芹 鸭脚板

Cryptotaenia japonica

多年生草本，高 20～100cm。基生叶或茎上部叶有柄，叶鞘边缘膜质，叶片轮廓三角形至广卵形，通常为 3 小叶，中间小叶片呈菱状倒卵形或心形，两侧小叶片斜倒卵形至长卵形，近无柄；最上部的茎生叶近无柄，小叶片呈卵状披针形至窄披针形，边缘有锯齿。复伞形花序圆锥状；总苞片 1，线形或钻形；小伞形花序有花 2～4 朵；花瓣白色，倒卵形。分生果线状长圆形，合生面略收缩，胚乳腹面近平直，具棱槽。花果期 2～10 月。

生于海拔 400～1000m 的山地、山沟及林下较阴湿处。分布于安徽、福建、甘肃、广东、广西、贵州、河北、湖北、湖南、江苏、江西、陕西、山西、四川、台湾、云南。

嫩苗及嫩茎叶作蔬菜食用，具有特殊的芳香味。

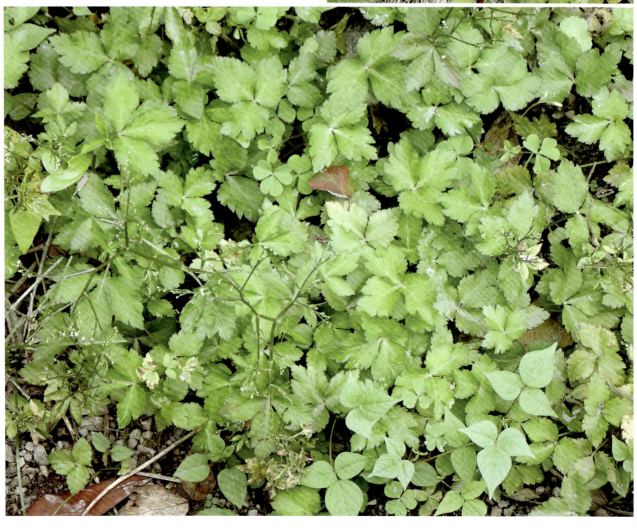

野胡萝卜
Daucus carota

二年生草本，高 15～120cm。基生叶薄膜质，长圆形，二至三回羽状全裂，末回裂片线形或披针形，顶端尖锐，有小尖头；茎生叶近无柄，有叶鞘，末回裂片小或细长。复伞形花序；花序梗长 10～55cm，有糙硬毛；总苞有多数苞片，呈叶状，羽状分裂，少有不裂的，裂片线形；小总苞片 5～7，线形，不分裂或 2～3 裂，边缘膜质，具纤毛；花通常白色，有时带淡红色。果实圆卵形，棱上有白色刺毛。花期 5～7 月。

生于海拔 900～1000m 的山坡路旁或田间。分布于安徽、贵州、湖北、江苏、江西、四川、浙江。

幼苗及果实可食用。果实亦可药用，具有驱虫的作用，还可提取芳香油。

水芹
Oenanthe javanica

多年生草本，高 15～80cm。茎直立或基部匍匐。基生叶有柄，基部有叶鞘，叶片轮廓三角形，一至二回羽状分裂，末回裂片卵形至菱状披针形，边缘有牙齿或圆齿状锯齿；茎上部叶无柄，裂片和基生叶的裂片相似。复伞形花序顶生；小伞形花序有花 20 余朵；萼齿线状披针形，长与花柱基相等；花瓣白色，倒卵形，有一长而内折的小舌片。果实近于四角状椭圆形或筒状长圆形，侧棱较背棱和中棱隆起，木栓质，分生果横剖面近于五边状的半圆形；每棱槽内油管 1，合生面油管 2。花果期 6～9 月。

生于海拔 600～1000m 的浅水低洼地或池沼、水沟旁。我国各地均有分布。

为野生水生蔬菜，以嫩茎和叶柄炒食，味鲜美。

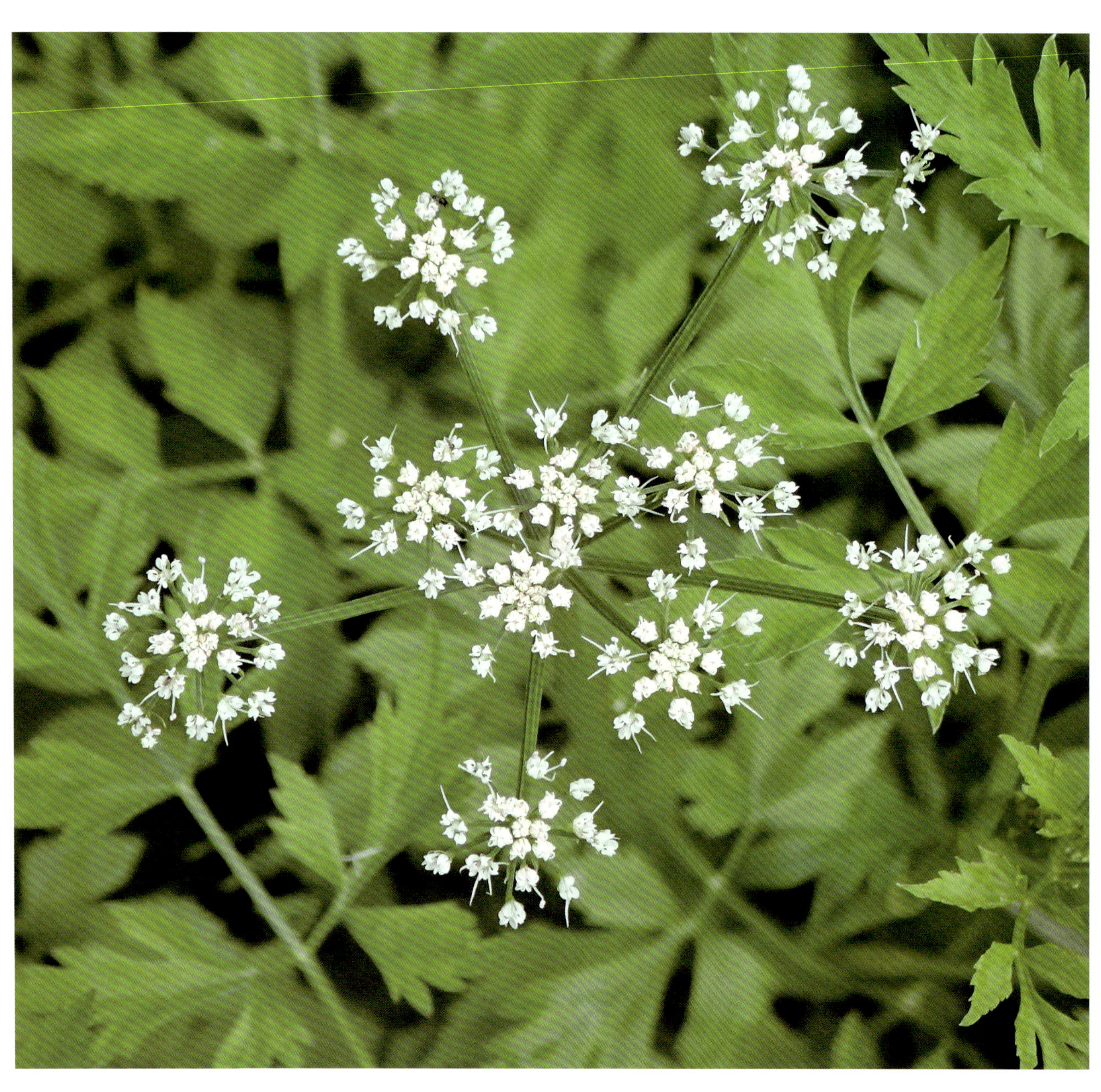

异叶茴芹
Pimpinella diversifolia

多年生草本，高 0.3～2m。茎直立，有条纹，被柔毛，中上部分枝。叶异形；基生叶有长柄，叶片三出分裂，裂片卵圆形，两侧的裂片基部偏斜，顶端裂片基部心形或楔形，稀不分裂或羽状分裂，纸质；茎中、下部叶片三出分裂或羽状分裂；茎上部叶较小，有短柄或无柄，具叶鞘，叶片羽状分裂或 3 裂，裂片披针形，全部裂片边缘有锯齿。通常无总苞片，稀 1～5，披针形；小伞形花序有花 6～20 朵；花瓣倒卵形，白色。幼果卵形，有毛，成熟的果实卵球形，基部心形，近于无毛，果棱线形。花果期 5～10 月。

生于海拔 350～1000m 的山坡草丛中、沟边或林下。分布于安徽、福建、甘肃、广东、广西、贵州、河南、湖南、江苏、山东、四川、台湾、西藏、云南、浙江。

叶片可食用。全草药用，具有清热、消肿的功效。

变豆菜

Sanicula chinensis

多年生草本，高达1m。茎粗壮或细弱，直立，无毛，有纵沟纹，下部不分枝，上部重覆叉式分枝。基生叶少数，近圆形、圆肾形至圆心形，通常3裂，少至5裂，叶柄长7～30cm，稍扁平，基部有透明的膜质鞘；茎生叶逐渐变小，有柄或近无柄，通常3裂。花序二至三回叉式分枝；总苞片叶状，通常3深裂；伞形花序二至三出；小总苞片8～10，卵状披针形或线形；小伞形花序有花6～10朵，雄花3～7朵；花瓣白色或绿白色，倒卵形至长倒卵形。果实圆卵形，顶端萼齿成喙状突出，皮刺直立，顶端钩状，基部膨大。花果期4～10月。

生于海拔400～1000m的山坡路旁、林下、竹园边、溪边。我国各地均有分布。

幼苗可食。全草可药用，煎煮或外敷。

第三章 菌物

伞菌科 Agaricaceae

林地蘑菇　林地蘑

Agaricus silvaticus

菌盖直径6.5～10.5cm，扁半球形，后稍平展，近白色，中部被有浅朽叶色至红褐色鳞片；菌肉白色；菌褶白色，后为粉红色至褐色到暗紫褐色，不等长；菌柄近圆柱形，（5～10）cm×（1～1.3）cm，白色，基部稍膨大；菌环生于菌柄上部或中上部，白色，膜质。担孢子椭圆形至卵圆形，光滑，浅紫褐色。

生于阔叶林中地上。分布于黑龙江、吉林、河北、山西、陕西、甘肃、青海、新疆、安徽、江苏、浙江、四川、贵州、云南、西藏、海南。

为食用菌。

白林地蘑菇　白林地菇

Agaricus silvicola

子实体中等大；菌盖直径6～8.8cm，初扁半球形，后稍平展，白色或淡黄白色，中部稍带浅朽叶色至浅褐色，被有平伏的绒毛；菌肉白色；菌褶白色，后为粉红色至褐色到暗紫褐色，不等长；菌柄近圆柱形，向下渐粗，（5～12）cm ×（0.8～1.2）cm，污白色，后变浅褐色；菌环中上位，白色，膜质，易脱落。担孢子椭圆形至卵圆形，光滑，褐色。

生于阔叶林中地上。分布于黑龙江、吉林、辽宁、河北、山西、甘肃、青海、四川、贵州、云南、福建、台湾、海南。

为食用菌。

紫红蘑菇　蘑菇

Agaricus subrutilescens

菌盖直径6～10.5cm，初期扁半球形，后伸展，近白色，被有紫红褐色鳞片；菌肉污白色，较厚；菌褶初为白色，后为粉红色至红褐色，最后变为深褐色，离生，长短不等，密；菌柄圆柱形，污白色至灰白色，后变浅黄褐色，（6～12）cm ×（1.2～1.8）cm，光滑，菌环以下有纤毛状鳞片；菌环生于柄的中部至上部，膜质，白色，易脱落。担孢子椭圆形，光滑，褐色。

生于林中地上。分布于甘肃、西藏、贵州、广西、海南。

为食用菌。

鹅膏科 Amanitaceae

东方褐盖鹅膏　赤褐托柄菇、赤褐鹅膏菌、赤褐鹅膏
Amanita orientifulva

菌盖直径4.5～8cm，黄褐色至红褐色，初期卵圆形至钟形，后渐平展，中部稍凸起，光滑，稍黏，边缘具有明显条纹；菌肉白色或乳白色；菌褶白色至乳白色，较密，离生，不等长；菌柄较细长，圆柱形，（9～16）cm×（0.8～1.5）cm，黄褐色至浅红褐色，有红褐色鳞片；菌托较大，袋状，乳白色至浅土黄色。担孢子近球形，无色，光滑。

生于阔叶林中地上。分布于黑龙江、吉林、浙江、湖南、四川、贵州、云南、西藏、福建、广东、广西、海南。

为食用菌。

木耳科 Auriculariaceae

毛木耳　粗木耳

Auricularia cornea

子实体长3～6cm，直径3～8cm，厚达2～3.5mm，较厚，通常群生或覆瓦状叠生，赭色、棕褐色至黑褐色，肉质、胶质有弹性，质地稍硬，中部凹陷，背面中部常收缩成短柄状与基质相连；新鲜时呈盘形、杯状、碗状、碟状、耳壳状或漏斗状，边缘锐，波状，通常上卷；干后收缩成不规则形，变硬、脆，角质，浸水后可恢复成新鲜时真菌特征及质地；子实层面平滑，灰褐色、深褐色至黑色；孕面被绒毛，初期赭色，后期灰白色、浅灰色、暗灰色。担孢子腊肠形，无色，薄壁，光滑。

生于阔叶树的腐木上。分布于黑龙江、吉林、内蒙古、河北、山西、山东、河南、甘肃、青海、安徽、江苏、浙江、江西、四川、贵州、云南、西藏、福建、台湾、广东、广西、海南。

为食用菌。

皱木耳 粗木耳、脆木耳、木耳、砂耳、沙木耳、网纹木耳

Auricularia delicata

子实体直径（2～6）cm×（3～15）cm，杯状、耳状或浅碗状，胶质，无柄或有短柄，着生于腐木上；子实层生下表，近白色，有显著皱褶，形成网格，不孕面黄褐色、灰黄色、紫红褐色或紫褐色，平滑，其上有毛，毛无色。担孢子圆柱形至腊肠形，无色，光滑。

生于阔叶树的腐木上。分布于福建、广东、海南、广西、江西、四川、贵州、云南、台湾。

为食用菌，可药用。

木耳 黑木耳、细木耳

Auricularia heimuer

子实体薄，有弹性，胶质，半透明，中凹，往往呈耳状或杯状，后为叶状或花瓣状，红褐色或黑褐色，直径达3～8cm，表面近平滑或有脉状皱纹，干后强烈收缩；子实层变为褐色至黑色，不孕的上面为暗青褐色，上表面有极短的绒毛，密生，不分隔，多弯曲，向顶端渐渐尖削，先端尖锐或钝圆，基部显著褐色，往上渐变浅，（40～170）μm ×（4.5～6.5）μm，基部膨大，粗10μm，下部突然细缩呈根状。担孢子圆柱形或肾形，无色，透明。

生于阔叶树的腐木上。分布于黑龙江、吉林、辽宁、河北、河南、陕西、宁夏、甘肃、江苏、湖南、四川、贵州、云南、西藏、福建、台湾、广东、广西、海南。

为食用菌，可药用。

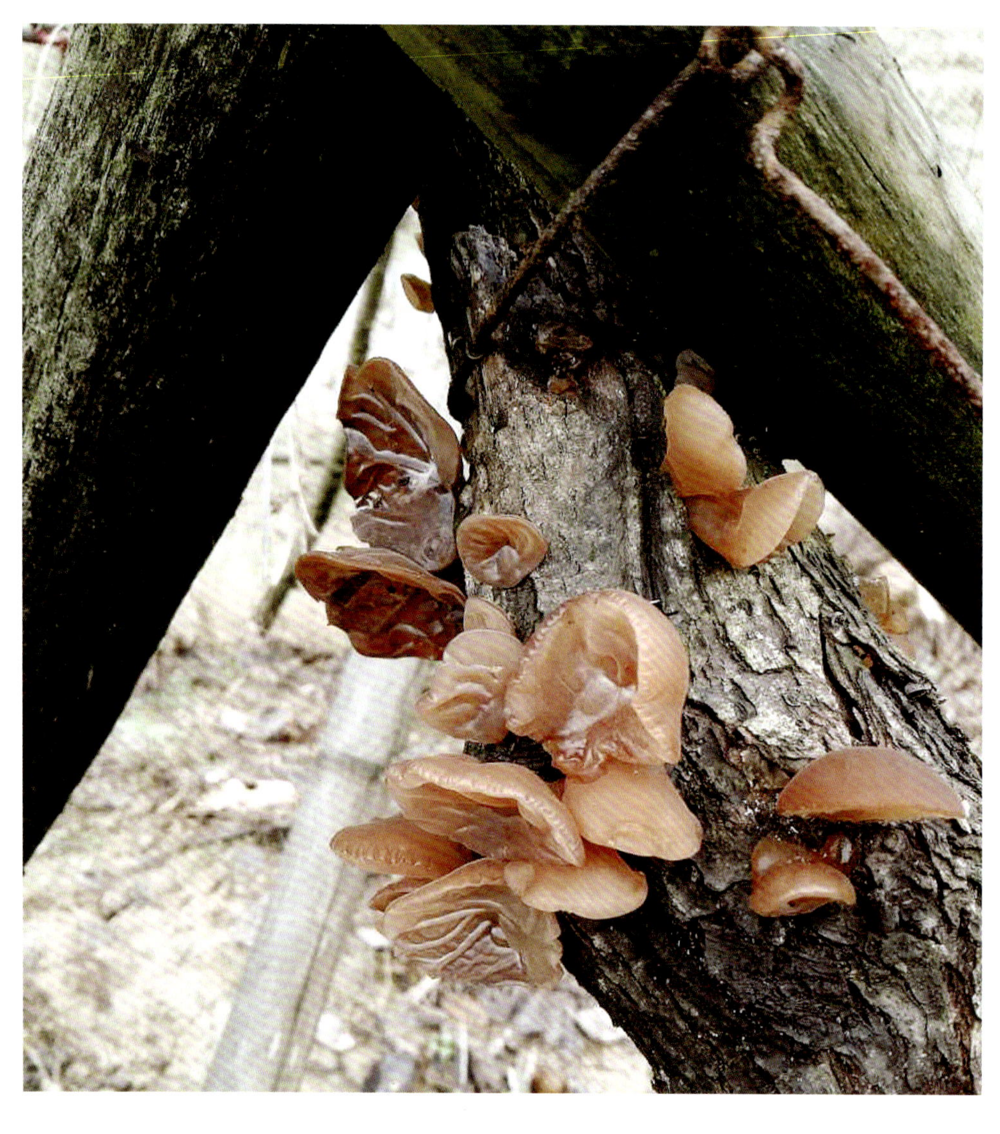

耳匙菌科 Auriscalpiaceae

杯冠瑚菌 杯瑚菌、帚把菌
Artomyces pyxidatus

担子果扫帚状，高 6～10cm，初期整体白色渐变淡黄色或粉红色，老后或伤后变黄褐色，从下向上形成多软状分枝，通常 3～5 次，分枝基部细，向上渐渐增粗膨大，顶端呈杯状；菌肉白色或色淡。担孢子椭圆形，无色，光滑，（3.5～4.5）μm ×（2.5～3）μm。

生于腐木上。分布于黑龙江、辽宁、吉林、河南、湖南、福建、陕西、四川、贵州、云南、西藏。

为食用菌，可药用。

牛肝菌科 Boletaceae

褐疣柄牛肝菌
Leccinum scabrum

菌盖直径4～8cm，中凸呈半球形，灰褐色、深棕褐色，光滑，湿润时稍黏，有时被有细绒毛；菌肉白色；菌管长8～15mm，孔径细小，圆形，离生，绒柄而下陷，管面幼时近白色，熟渐变为浅灰褐色；菌柄长5～10cm，粗1～2cm，圆柱形，灰色，有许多细小的黑褐色疣突和鳞片，内实，白色，伤后微带蓝褐色。担孢子近梭形，光滑。

生于混交林地上。分布于河北、吉林、黑龙江、江苏、浙江、安徽、四川、云南、广西、海南、贵州、西藏、陕西、青海。

为食用菌。

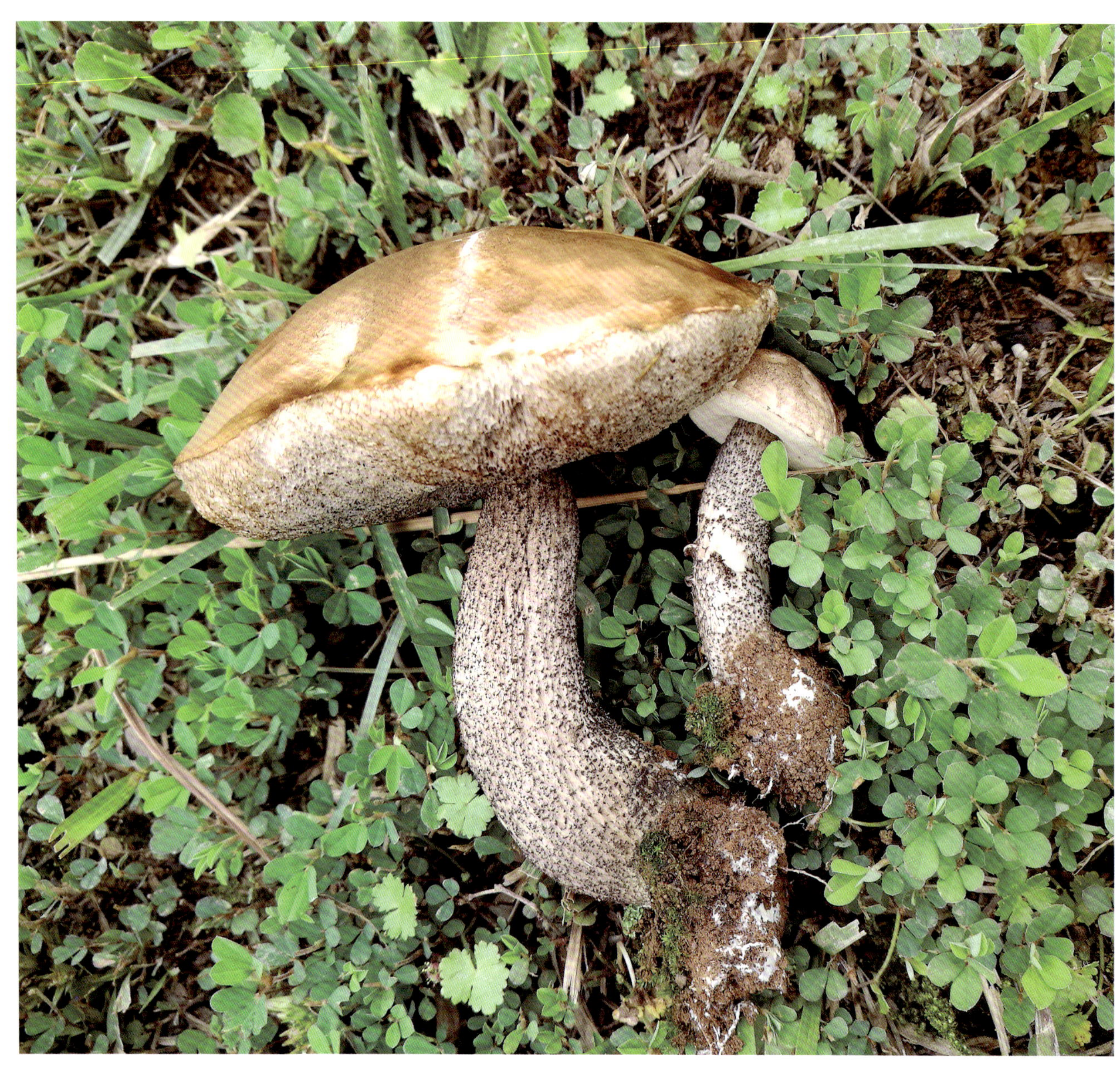

美丽褶孔菌
Phylloporus bellus

菌盖初期扁半球形，后渐平展，中部稍下凹，土黄色、板栗色或褶色，直径2.5～9cm，被深褐色的绒毛或变光滑；菌肉浅黄色，近菌盖处呈黄红色；菌褶蜜黄色，较稀，延生，不等长，褶间有显著横脉，形成网格；菌柄长3～6cm，粗0.5～1.3cm，近圆柱形，基部稍细，上部有脉纹，内实。担孢子椭圆形或近纺锤形，淡黄色，光滑。

生于阔叶林、针叶林中地上，与林木形成菌根关系。分布于江苏、浙江、福建、广东、海南、四川、云南、西藏。

为食用菌。

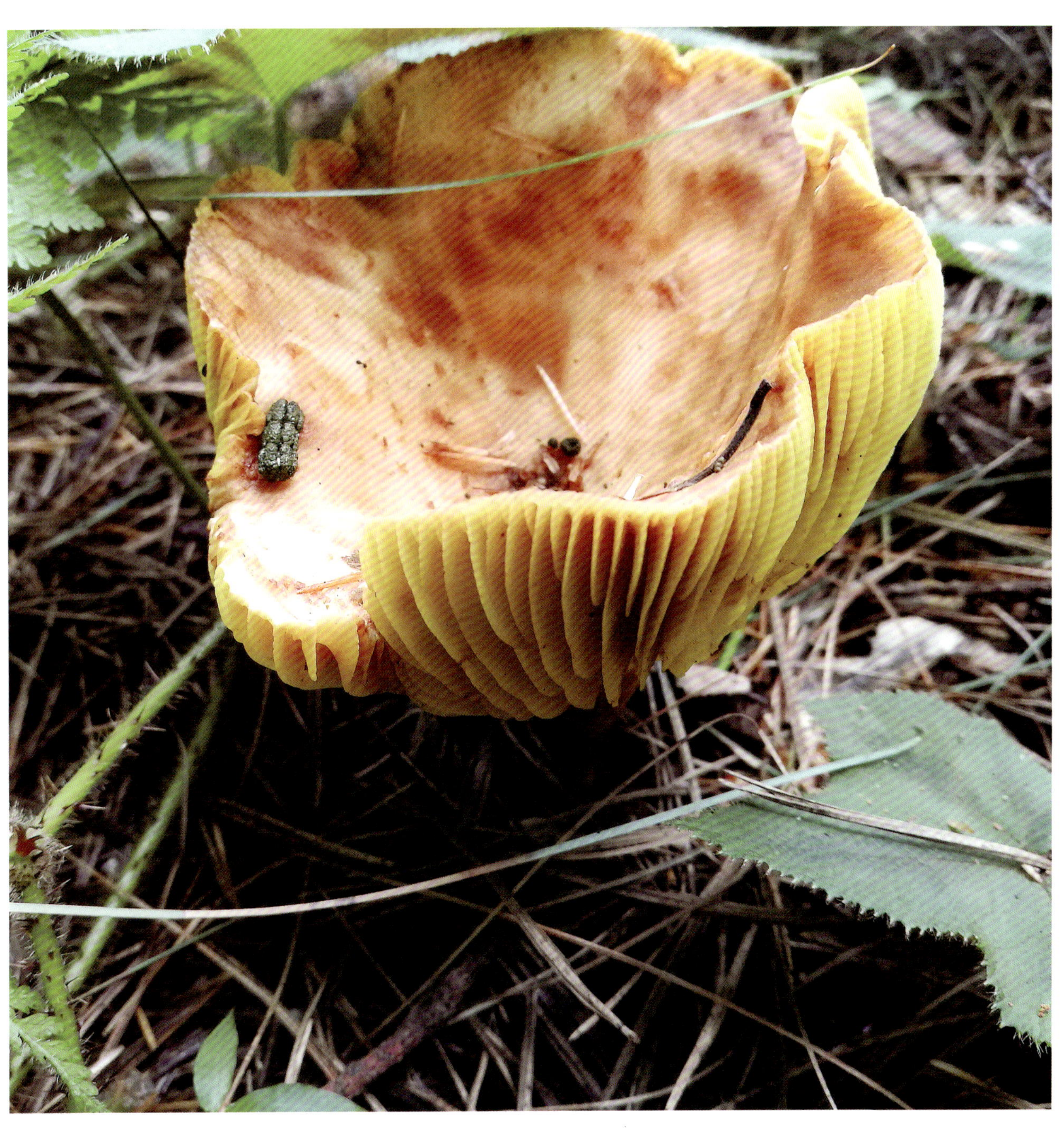

绒柄松塔牛肝菌 松塔牛肝菌

Strobilomyces strobilaceus

菌盖初期半球形，后平展，直径3～9.5cm，灰黑褐色、黑褐色至黑色，表面有粗糙的毡毛鳞片或疣；菌肉白色至淡灰白色，受伤时淡红色，后渐变黑色；菌管初由菌幕盖着，后菌幕脱落，少数残留在菌盖边缘，直生或近下延，灰色至黑褐色，管口多角形，灰白色；菌柄圆柱形，长3～12cm，粗0.5～2cm，与菌盖同色，上部有网棱，下部有鳞片和绒毛，质脆，内实。担孢子近球形至广椭圆形，褐色，有网纹。

生于针阔混交林或阔叶林中地上。分布于山东、河南、安徽、江苏、浙江、湖北、四川、贵州、云南、西藏、福建、广东、广西、海南。

为食用菌。

鸡油菌科 Cantharellaceae

鸡油菌 黄丝菌

Cantharellus cibarius

子实体肉质，高 4～10cm，直径 3～5cm，全菌杏黄色或鸡油黄色；初期内卷呈凸型，后展开，中间下凹呈喇叭形，光滑，边缘厚而钝，呈波浪状，内卷且常有瓣裂；肉浅黄色，较厚；褶狭窄，棱脊状，稀疏，下延至柄部，分叉或相互交织；柄内实，圆柱形或向下渐细狭，光滑。担孢子椭圆形，(7～10) μm×(5～6.5) μm，光滑。

生于阔叶林中地上。分布于陕西、甘肃、安徽、湖南、湖北、四川、贵州、云南、西藏、福建、广东、广西、海南。

为食用菌。

小鸡油菌 黄丝菌

Cantharellus minor

子实体小，肉质，高 0.7～25mm，呈喇叭形，全菌杏黄色或鸡油黄色；盖初期内卷呈凸形，展开后形成中间下凹，光滑，边缘波浪状，内卷且常有瓣裂；菌肉浅黄色，较厚；菌褶狭窄，棱脊状，稀疏，下延至柄部，分叉或相互交织；柄内实，后变中空，长 1.5～3.5cm，粗 2～5mm，圆柱形或向下渐细狭，往往弯曲，光滑。担孢子椭圆形，光滑，（6.5～8）μm×（4.5～5.5）μm，有尖突。

生于阔叶林中地上。分布于吉林、陕西、江苏、湖南、四川、贵州、云南、福建、广东、广西、海南。

为食用菌，可药用。

金黄喇叭菌 黄喇叭菌

Craterellus aureus

子实体高6～9cm，菌盖直径2～3.5cm，黄色至金黄色，近喇叭状，下凹至柄部，边缘往往不等呈波状，内卷或向上伸展，近光滑，有蜡质感；子实层面平滑无褶棱；柄与盖相连形成筒状，偏生，长2～6cm，粗0.5～1cm，向基部渐细。担孢子椭圆形，(7.5～9.5)μm×(6～7.5)μm，无色，光滑。

生于阔叶林中地上。分布于河南、四川、贵州、云南、西藏、福建、广东、广西、海南。

为食用菌。

锁瑚菌科 Clavulinaceae

冠锁瑚菌 仙树菌、帚把菌
Clavulina coralloides

子实体白色、灰白色、淡黄色或粉白红色，全株成丛团状，向顶端多回分枝，基部的主轴较粗壮，末端的分枝较纤细，高3～7cm，枝丛直径4～5cm；轴的外表光滑，初期有粉质的绒毛；柄基菌丝白色，与所处的基质相交织；菌肉白色，内实；末端的纤枝易于卷曲，但尖部挺直，分枝的色泽变异甚大，多以白色为主。担孢子近圆形或宽卵形，一端有钝喙状突起，壁光滑，透明，(8～9) μm ×（6～8）μm。

生于腐朽的木桩上或阔叶林中地上。分布于黑龙江、安徽、青海、四川、贵州、云南。

为食用菌。

虫草科 Cordycipitaceae

蛹虫草 北冬虫夏草、北虫草
Cordyceps militaris

子座单根，从寄主虫体顶端发出，长 2.7～10cm，粗 2.8～5.5mm，黄色至橙黄色，不分枝；可育头部棒形，长 0.8～3cm，粗 3.3～6.0mm，黄色，顶端钝圆，无不育顶端。子囊壳半埋生，粗棒形，外露部分近锥形，呈棕褐色，（500～1089）μm ×（132～264）μm，成熟时由壳口喷出白色胶质担孢子角或小块。子囊（142～574）μm×（4～6）μm，蠕虫状，内含 8 个单行排列的子囊孢子。子囊孢子柱状，断裂为（5～7）μm×1μm 的小段。寄主虫蛹的外表被密结的白色菌丝缠绕，并将子座柄基处也套上。

生于阔叶林及混交林地上或树皮缝内的鳞翅目昆虫蛹上。分布于河北、辽宁、吉林、黑龙江、安徽、陕西、福建、广东、广西、贵州、云南。

为食用菌，可药用。

新古尼异虫草 亚香棒虫草、霍克斯虫草、古尼虫草

Metacordyceps neogunnii

子座单根，偶有分支，从寄主虫体顶端发出，（4～10）mm×（3～5）mm，圆柱形，多弯曲，灰白色至灰褐色，表面有纵皱纹和微细绒毛；可育头部椭圆形至圆柱形，（1.5～2.5）mm×（1～2）mm，顶端钝圆，无不育顶端，茶褐色。子囊孢子柱状，断裂为（3.5～5）μm×（1～2）μm 的小段。

生于阔叶林及混交林地上的鳞翅目昆虫幼体上。分布于安徽、湖南、广西、福建、贵州。

为食用菌，可药用。

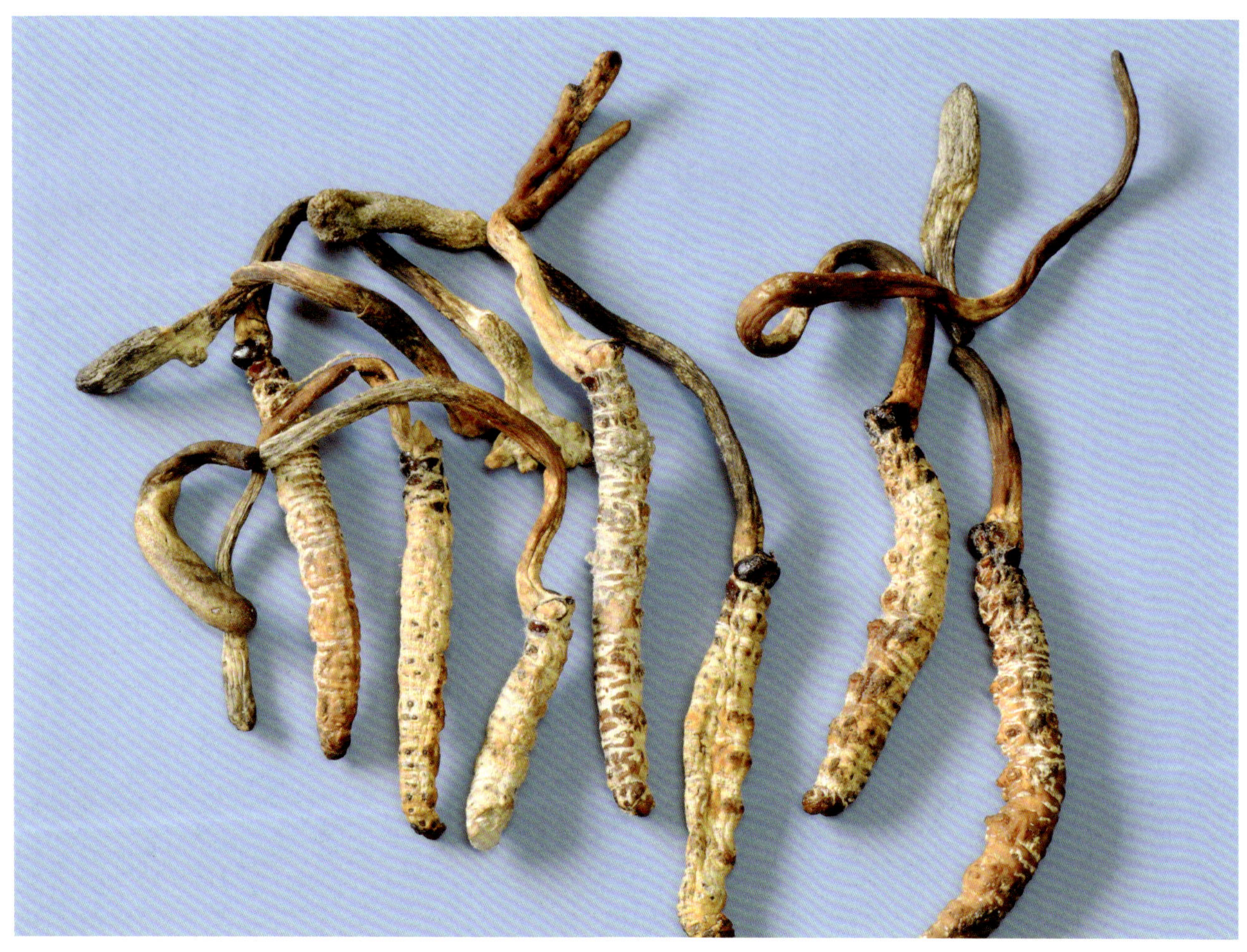

花耳科 Dacrymycetaceae

桂花耳 匙盖假花耳

Dacryopinax spathularia

担子果群生至丛生，全株高 5～10mm，菌盖匙状，胶质，新鲜时软，干后强烈收缩，橙黄色，不育面及柄表带白色；子实层表面常具纵皱；原担子圆柱形至近棒状，基部具隔，成熟后叉状分枝。担孢子圆柱状，稍弯曲，壁薄，一端具小尖，（7.8～9.5）μm×（4.5～5）μm，具一隔；分生担孢子近圆形，较担孢子为小，7～8.5μm。

生于阔叶树的朽木缝隙中。分布于河北、吉林、江苏、安徽、浙江、江西、福建、河南、湖南、广西、海南、云南、四川、贵州、西藏。

为食用菌。

粉褶蕈科 Entolomataceae

粗柄粉褶蕈 酸梅菌

Entoloma sp.

菌盖鼠灰褐色，初期圆锥形至半球形，中部具突起，直径6～8cm，边缘内卷，表面有鼠灰褐色条纹；菌肉白色，较厚；菌褶成熟时淡肉红色至粉红色，弯生；菌柄中生，长7～12cm，粗1.2～1.8cm，污白色至污灰褐色，圆柱形，下部粗，表面纤维状，实心。担孢子多角形，光滑，粉红色。

生于阔叶林地上。分布于东北、西北、华中。为食用菌。

牛舌菌科 Fistulinaceae

亚牛排菌 肝色牛排菌

Fistulina subhepatica

担子果肉质，近匙形，直径4～12cm，有短柄，红褐色或血红色，成熟后变为暗褐色，从基部至盖缘具有放射状深红褐色花纹，黏，粗糙；子实层生于管内；菌管长1～2cm，初期白色，后为淡红色；管孔近白色，后为肉色，受伤处为浅褐色或锈色；菌肉淡红色，厚1～3cm，纵切面有纤维状分叉的深红色花纹，新鲜时软而多汁。担孢子广椭圆形或近球形，近无色或粉红色，光滑，（4.5～5）μm×（3～4）μm。

生于阔叶树的树干或腐木上。分布于浙江、福建、河南、湖南、广西、海南、台湾、四川、贵州、云南。

为食用菌。

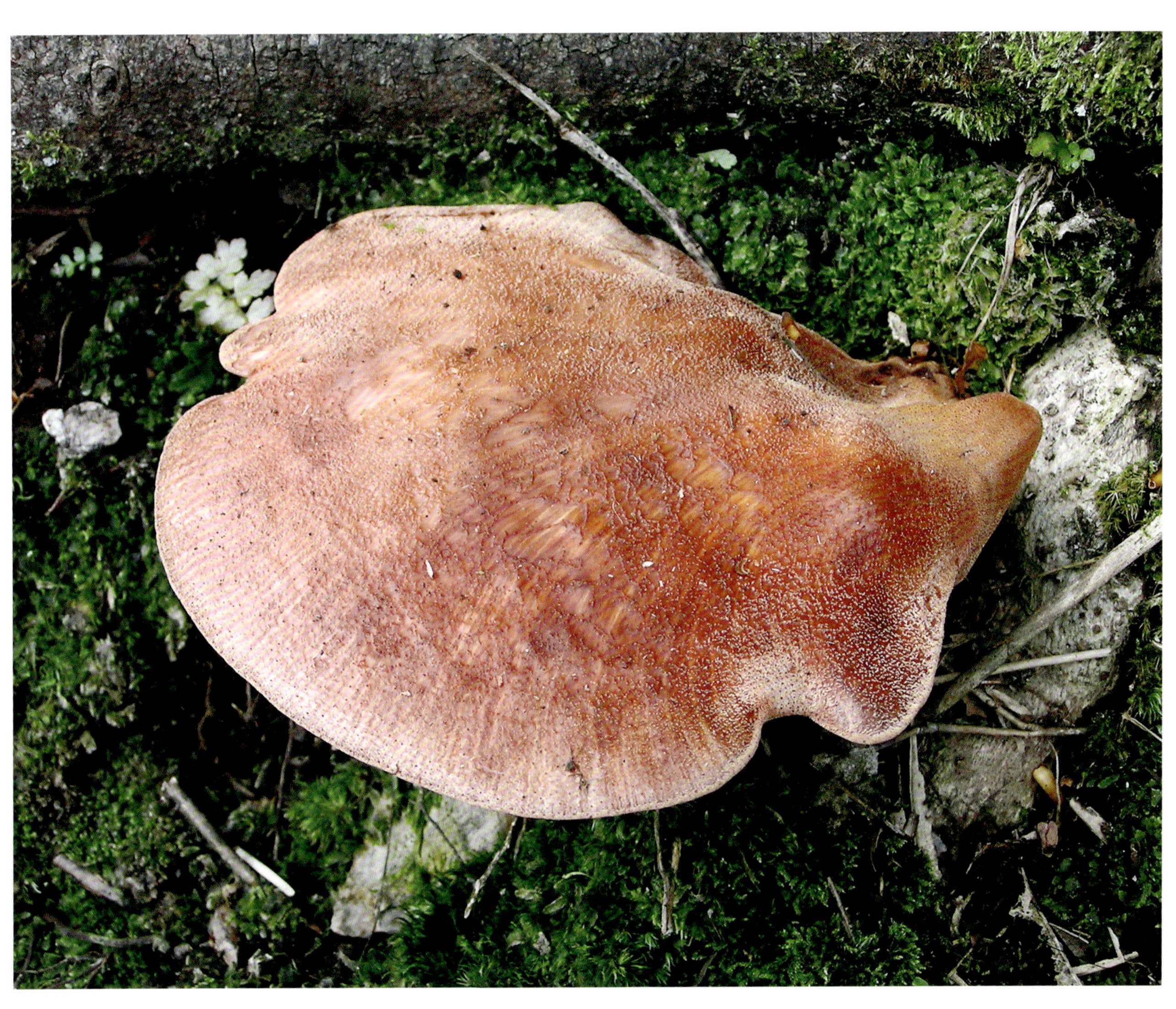

钉菇科 Gomphaceae

毛钉菇　喇叭菌陀螺菌、喇叭菌、红陀螺菌

Gomphus floccosus

担子果喇叭形，高 5～12cm，橘红色至土黄色，上密生绒毛状红褐色鳞片，边缘内卷，瓣裂；菌肉白色，较厚；菌褶与菌盖同色，稍密至较稀，狭窄，有分叉并相互交织的脉状棱褶，下延至中下部；菌柄圆柱形，长 1.5～5cm，粗 0.3～1.5cm，初内实，后变中空，基部稍下伸成短假根。担孢子椭圆形，近无色或浅黄色，（13～16.2）μm ×（6～7.5）μm，初期光滑，渐变粗糙。

生于阔叶林中地上。分布于安徽、福建、山东、湖北、湖南、广西、四川、贵州、云南、西藏、陕西。

为食用菌。

浅褐钉菇 浅褐陀螺菌、喇叭菌

Gomphus fujisanensis

子实体中等至较大，喇叭状，高7～12cm；菌盖直径4～7cm，近肉色或土褐色，浅土黄色至淡褐色，中部鳞片较大，边缘较小，带土红色；菌肉白色；菌褶呈曲折棱纹，污白黄色；菌柄与菌盖无明显界线，从菌盖中央向下成管状延伸至基部，粗0.8～1.2cm，菌柄表面白色至污白色。担孢子具细小的疣，近椭圆形，近无色。

生于阔叶林中地上。分布于广西、四川、贵州、云南。

为食用菌。

轴腹菌科 Hydnangiaceae

红蜡蘑　漆蜡蘑

Laccaria laccata

菌盖扁半球形，后渐平展并上翘，直径 2～5cm，鲜时肉红色或淡红褐色，光滑或近光滑，中部脐边，边缘波状或瓣状，有条纹；菌肉与菌盖同色，薄；菌褶，稀，不等长，直生或近延生；菌柄长 3.5～7.5cm，粗 0.25～0.6cm，近圆柱状，内实，纤维质，较韧，与菌盖同色，多弯曲。担孢子球形，有小刺，无色。

生于针叶林或阔叶林中地上。分布于河北、江苏、浙江、福建、湖南、广东、海南、广西、四川、云南、新疆。

为食用菌。

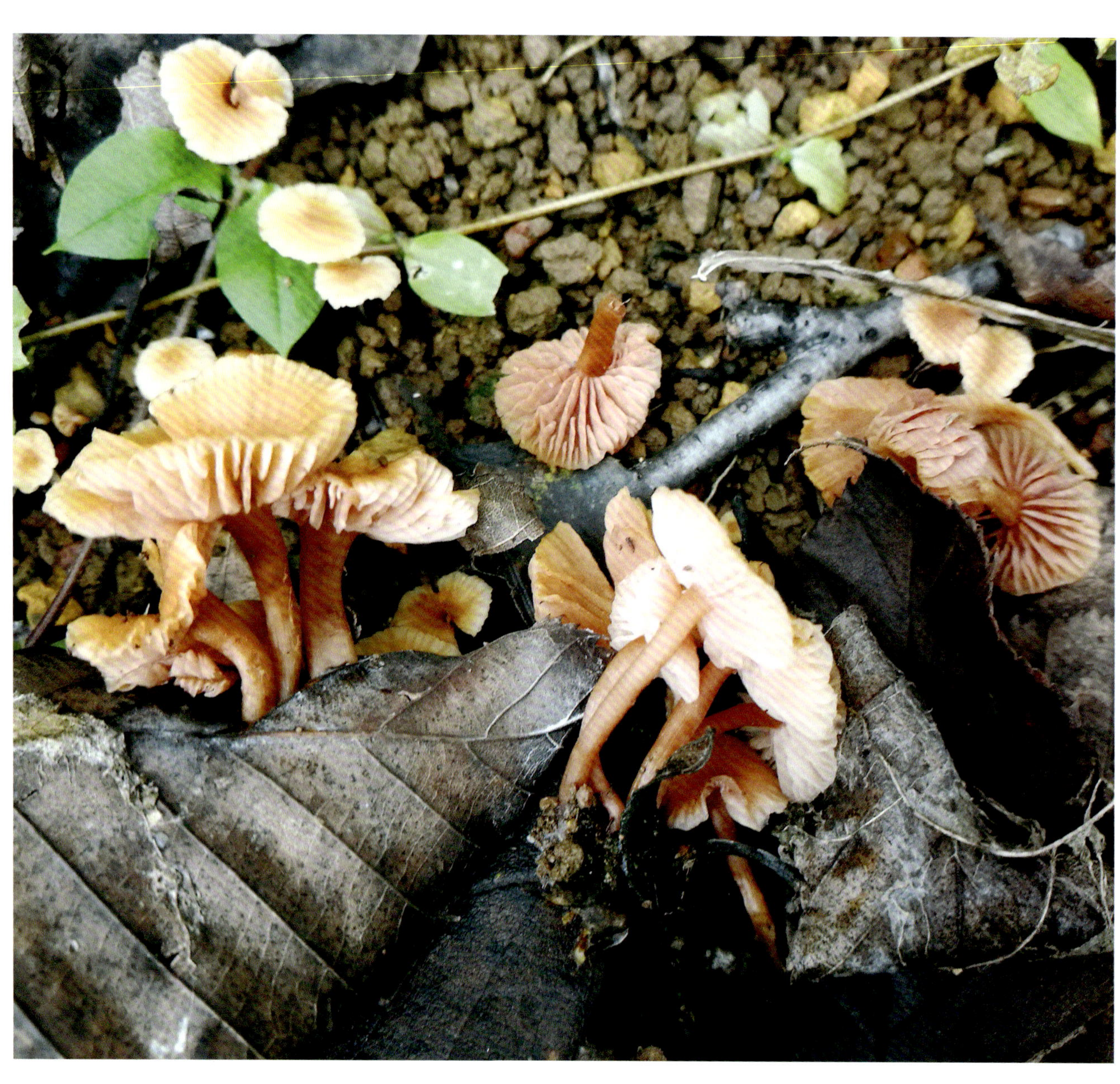

墨水蜡蘑
Laccaria moshijun

菌盖扁半球形，后渐平展并上翘，直径2.5～4.5cm，鲜时灰蓝紫色，干后呈藕粉紫色或浅紫色，光滑或近光滑，中部脐状，边缘波状或瓣状，有条纹；菌肉与菌盖同色，薄；菌褶蓝紫色，稀，不等长，直生或近弯生；菌柄长3.5～8.5cm，粗0.3～0.6cm，近圆柱状，内实，纤维质，较韧，与菌盖同色，往往弯曲。担孢子近球形，有小刺，无色。

生于针叶林或阔叶林中地上。分布于江苏、浙江、安徽、福建、湖南、广西、海南、四川、贵州、云南。

为食用菌。

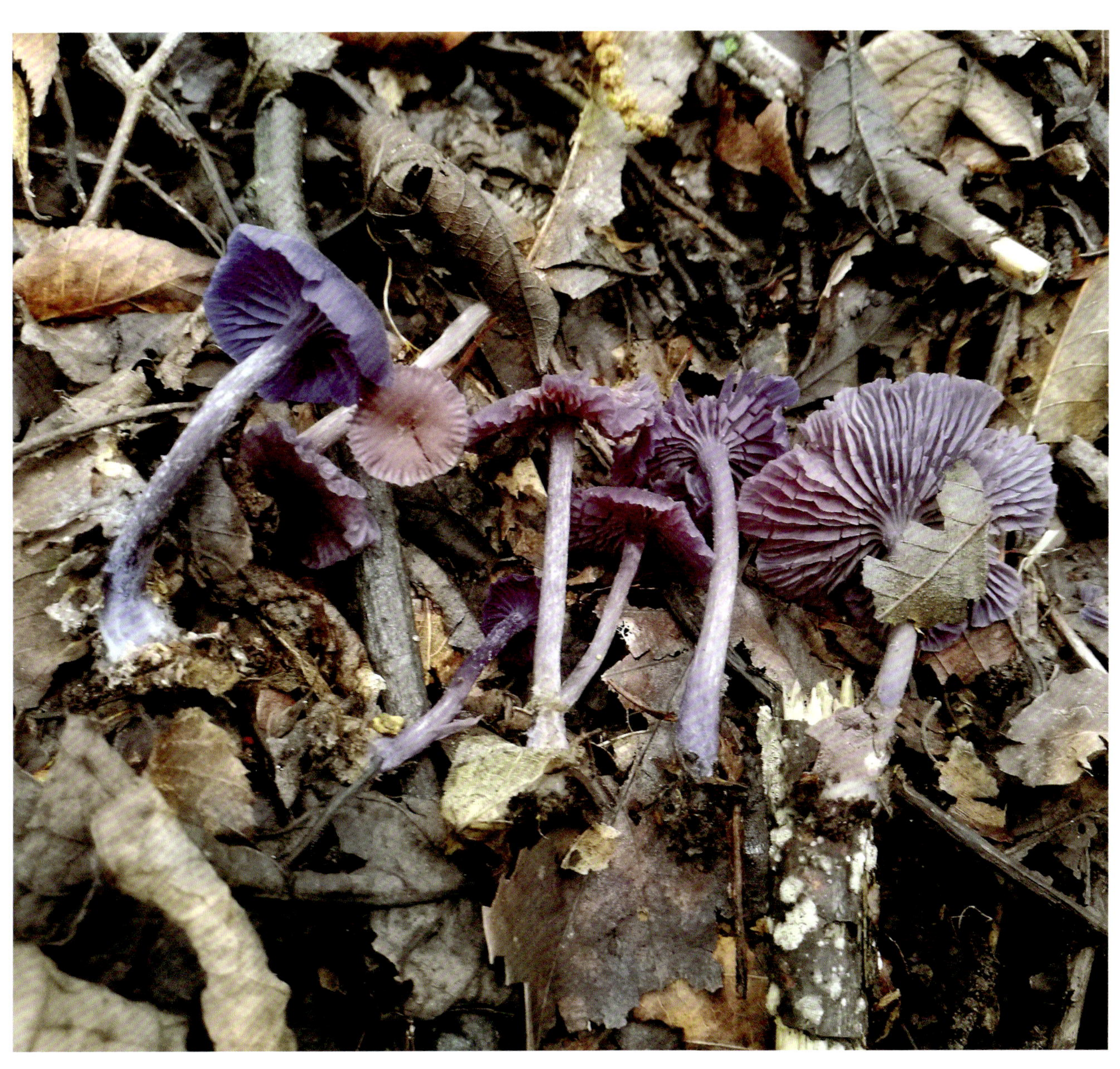

离褶伞科 Lyophyllaceae

盾形蚁巢伞　鸡枞

Termitomyces clypeatus

菌盖斗笠形、锥形，中央具尖状突起，直径5～10cm，初呈淡黄褐色至土黄褐色，后呈赭褐色或灰褐色，有辐射状条纹，盖缘成熟后裂开；菌肉白色至污白色；菌褶离生，白色；菌柄圆柱形，近等粗，长8～15cm，粗0.5～1.5cm，基部有假根状延伸，中上部乳白色、淡赭色，柄基部棕黑色。担孢子卵圆形至椭圆形，无色，透明。

生于地下白蚁巢上。分布于贵州、云南、广东、广西、海南。

为食用菌。

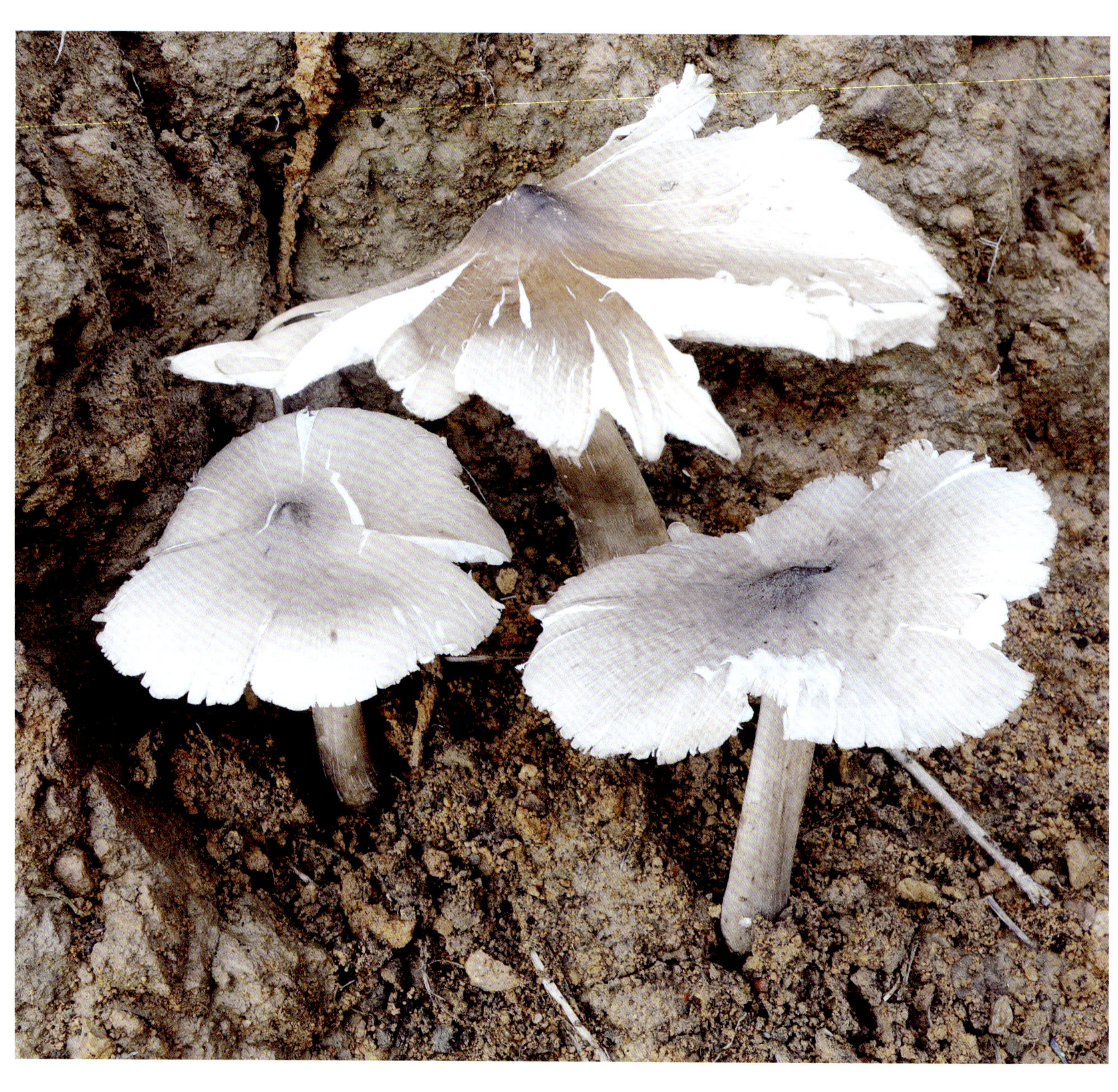

真根蚁巢伞 鸡枞菌

Termitomyces eurhizus

菌盖初期圆锥形，后渐伸展，直径5～20cm，中央有显著的斗笠状突起，淡灰褐色、淡褐色或灰褐色，盖面往往呈辐射状撕裂，表面湿时黏，光滑；菌肉白色，较厚；菌褶近离生至弯生，密，不等长，白色，后变为浅粉红色或米黄色；菌柄圆柱形或近纺锤形，长5～16cm，粗1～2cm，淡褐色或灰白色，内部白色，内实，纤维质，基部稍膨大又延伸成10～30cm的假根，向下渐细。孢子椭圆形，光滑，无色，(7～8.5) μm×(4.5～5.5) μm。

生于白蚁巢上。分布于安徽、江苏、浙江、贵州、云南、广东、广西、海南。

为食用菌。

小果蚁巢伞 小果鸡枞

Termitomyces microcarpus

菌盖初期近球形或圆锥形至斗笠形，中部突尖，直径 1.5～2.5cm，光滑，灰白色、浅灰褐色至淡棕褐色，具放射状条纹，往往边缘开裂；菌肉白色，薄；菌褶白色，密，凹生或近离生，不等长；菌柄近圆柱形，长 3～6cm，粗 0.2～0.5cm，白色，纤维质，具丝光，基部成假根生于白蚁窝上。担孢子椭圆形至近卵圆形，无色，平滑。

生于林中地上。分布于四川、贵州、云南、福建、广西。

为食用菌。

小皮伞科 Marasmiaceae

杯盖大金钱菌　宽褶大金钱菌
Megacollybia clitocyboidea

菌盖直径 3～10cm，初为凸镜形，后平展至中部凹陷，灰褐色至黄褐色，中央通常呈暗褐色至近黑色，盖表覆细小鳞片，通常具有辐射状条纹；菌肉白色，薄；菌褶白色，稀疏，直生至近弯生；菌柄中生，浅黄褐色、浅褐色至褐色，长 5～12cm，粗 0.5～2cm；基部菌丝白色。担孢子宽椭圆形至卵圆形，无色，光滑。

生于腐木上。分布于黑龙江、吉林、青海、江苏、浙江、山西、四川、贵州、云南、西藏、福建、海南。

为食用菌。

羊肚菌科 Morchellaceae

圆锥羊肚菌　羊肚菌
Morchella conica

菌盖圆锥形，顶端尖或稍尖，长 3～5.5cm，直径 2.5～3.5cm，表面凹坑多为长方形，似羊肚状，浅褐黄色，棱纹色较浅，多纵向排列，由横脉连接，子实层在小凹坑内表面。子囊长圆柱形，透明无色，（230～280）μm×（17～21）μm。子囊孢子长椭圆形，透明无色。

生于竹林或阔叶林中地上。分布于河北、山西、江苏、福建、湖南、贵州、甘肃、新疆。

为食用菌。

类脐菇科 Omphalotaceae

栎裸柄伞 栎裸伞、栎金钱菌

Gymnopus dryophilus

菌盖半球形至平展，直径 2～4cm，光滑，黏，淡黄白色或淡土黄色，中部带黄褐色，周围色淡或白色；菌肉近白色或浅黄白色，薄；菌褶白色，密集，不等长，褶缘平滑或有小锯齿；菌柄长（2.5～6）cm×（0.3～0.5）cm，圆柱形，基部稍膨大，淡黄白色或淡土黄色，基部褐色，具菌丝绒毛状。担孢子无色，光滑，椭圆形。

生于阔叶林或针阔混交林中地上。分布于黑龙江、辽宁、河南、贵州、云南、西藏、福建、广西、海南。

为食用菌。

香菇
Lentinula edodes

菌盖直径4～10cm，扁半球形，后渐平展，红褐色，上有鳞片；菌肉白色，厚；菌褶白色，稠密，弯生；菌柄中生或偏生，近圆柱形或稍扁，长3～5cm，粗0.5～0.8cm，上部近白色或浅褐色，下部褐色，内实，常弯曲，菌环以下往往覆有鳞片；菌环丝膜状，易消失。担孢子椭圆形，无色，光滑。

生于阔叶树的倒木上。分布于江苏、浙江、安徽、广东、海南、贵州、云南。

为食用菌。

鬼笔科 Phallaceae

长裙竹荪
Dictyophora indusiata f. indusiate

菌蕾未展开时，近球形至卵球形，(3～5) cm×(4～5) cm，近白色或浅灰褐色，基部常有白色的菌丝索，成熟时包被破裂伸出笔形的孢托；孢托由菌柄和菌盖组成；菌盖生于菌柄顶部，钟形，高2.8～4.5cm，直径2.8～4.5cm，表面有深网状突起，上面附着暗绿色的黏液状恶臭孢体；菌裙网状，白色，从菌盖下垂长达菌柄基部，边缘直径可达8～12cm，网眼多角形、近圆形或不规则形，直径0.5～1.5cm；菌柄白色，圆柱形，中空，长9～15cm，基部粗3～5cm，向上渐细；菌托鞘状蛋形，近白色、粉灰色至淡褐色，膜质，长3.5～5cm，直径3～5cm。孢子椭圆形，平滑，(3～4) μm×(1.5～2) μm。

生于阔叶林下或竹林下。分布于河北、江苏、安徽、浙江、江西、福建、湖南、广东、广西、海南、贵州、云南、台湾、四川。

为食用菌。

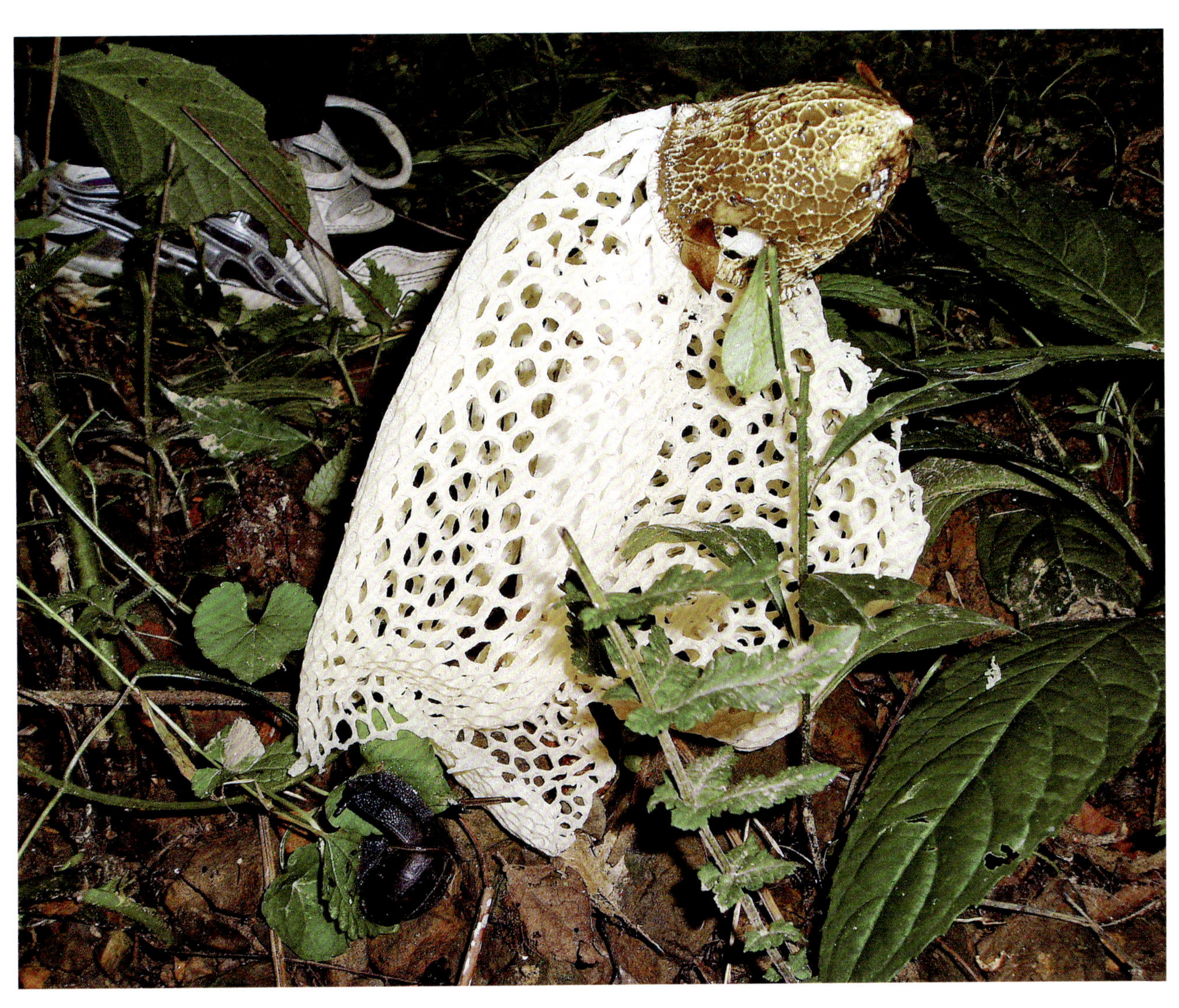

膨瑚菌科 Physalacriaceae

蜜环菌 榛蘑

Armillaria mellea

菌盖初期呈半球形，后渐平展至中央稍凹陷，直径 3.5～10cm，淡蜜黄色、浅土黄色或栗褐色，有细鳞片，滑润，稍黏，老熟后边缘有放射状条纹，色较中部浅；肉近白色或微浅黄色；褶近白色，直生或近延生，较疏，后期变污黄白色至浅肉桂色；柄近圆柱形，长 5～8.5cm，粗 0.5～1cm，菌柄基部往往相连，柄表光滑或菌环以下稍有丛卷毛状鳞片，菌环以下呈浅褐色至黄褐色，菌环以上近白色或淡褐色，纤维质或近肉质，初期充实，老时中空；菌环生于柄之上部，近白色至奶油色。担孢子椭圆形或球形，近无色或稍带淡黄色，透明，光滑。

生于朽木上。分布于河北、黑龙江、吉林、山西、陕西、浙江、湖南、甘肃、青海、新疆、贵州、四川、云南、西藏、福建、广西、海南。

为食用菌，可药用。

假蜜环菌 树秋、青杠菌

Armillaria tabescens

菌盖初期扁半球形，后渐平展，中部下凹，直径2.5～6cm，黄褐色至褐色，中部有较密的毛状小鳞片，边缘有不明显的条纹；菌肉黄白色，中部厚，边缘薄；菌褶浅肉色，不等长，延生，稍稀；菌柄圆柱形，纤维质，内部松软，长5～10cm，粗0.5～0.8cm，上部蛋壳色或灰黄白色，基部浅棕灰色至深棕灰色，有细毛鳞片，渐变光滑。担孢子广椭圆形，光滑，无色。

生于树干基部或木桩上。分布于河北、山西、内蒙古、黑龙江、吉林、河南、陕西、安徽、江苏、浙江、福建、河南、广西、甘肃、四川、贵州、云南、海南。

为食用菌。

毛柄小火焰菇

金针菇、毛柄金钱菌、冬菇、毛柄小火菇、构菌、朴菇、朴菰 、冻菌、金菇、智力菇

Flammulina velutipes

菌盖直径 1.5～3.2cm，平展脐凸形，黄色、黄褐色，黏，光滑，边缘色淡；菌肉白色，薄；菌褶不等长，淡黄白色，弯生；菌柄长 2.6～6cm，粗 2.0～3.5mm，中生，圆柱形，淡褐色，空心，纤维质，下部密生黄褐色至深褐色短绒毛。担孢子椭圆形或梨核形，无色至微黄色。

生于混交林的腐木上。分布于吉林、贵州、云南、西藏、福建、台湾、广东、广西、海南。

为食用菌，可药用。

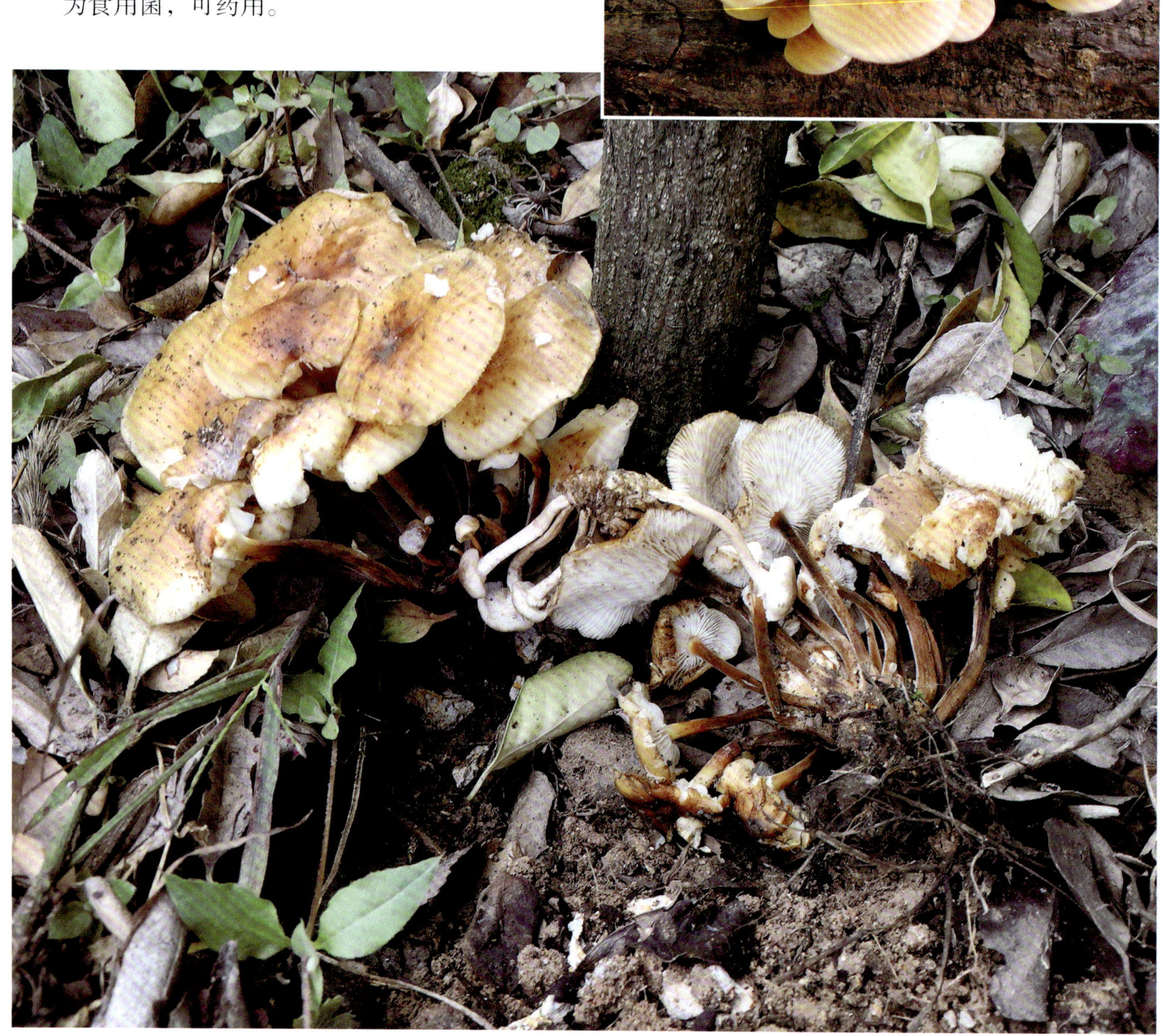

白黏小奥德蘑 白环黏奥德蘑、白黏蜜环菌

Oudemansiella mucida

菌盖初期扁半球形，后渐平展，直径3～7cm，极黏，白色，边缘透出不明显的稀疏条纹；菌肉白色，薄，软；菌褶白色，不等长，较稀，较厚，与菌柄直生至弯生，长短不等；菌柄长3～6cm，粗0.5～1cm，白色，圆柱形，纤维质，硬，往往基部膨大，具白色的菌环，膜质，中上位，下垂，易消失。担孢子宽卵球形至近球形，光滑，无色透明，（15～20）μm×（15～18）μm。

生于阔叶树的枯立木或倒木上。分布于浙江、江西、湖南、四川、贵州、云南、福建、台湾、广东、广西、海南。

为食用菌。

卵孢小奥德蘑　长根奥德蘑
Oudemansiella raphanipes

菌盖扁半球形至扁平，直径3～8cm，边缘稍内卷，平展后边缘上翘，中央微凸起脐状，有辐射状皱纹，光滑，湿时黏，浅褐色、茶褐色至褐色；菌肉白色；菌褶离生或弯生，白色，成熟后浅褐色，稍稀，不等长；菌柄长10～20cm，粗0.5～1cm，淡褐色，近光滑，有花纹，常扭曲，向下渐粗，延伸地下部分形成很长的假根，长达10～30cm。担孢子卵形至广椭圆形，无色，光滑。

生于阔叶林或竹林中地下腐木上。分布于河南、安徽、浙江、湖南、四川、贵州、云南、西藏、福建、台湾、广东、广西、海南。

为食用菌。

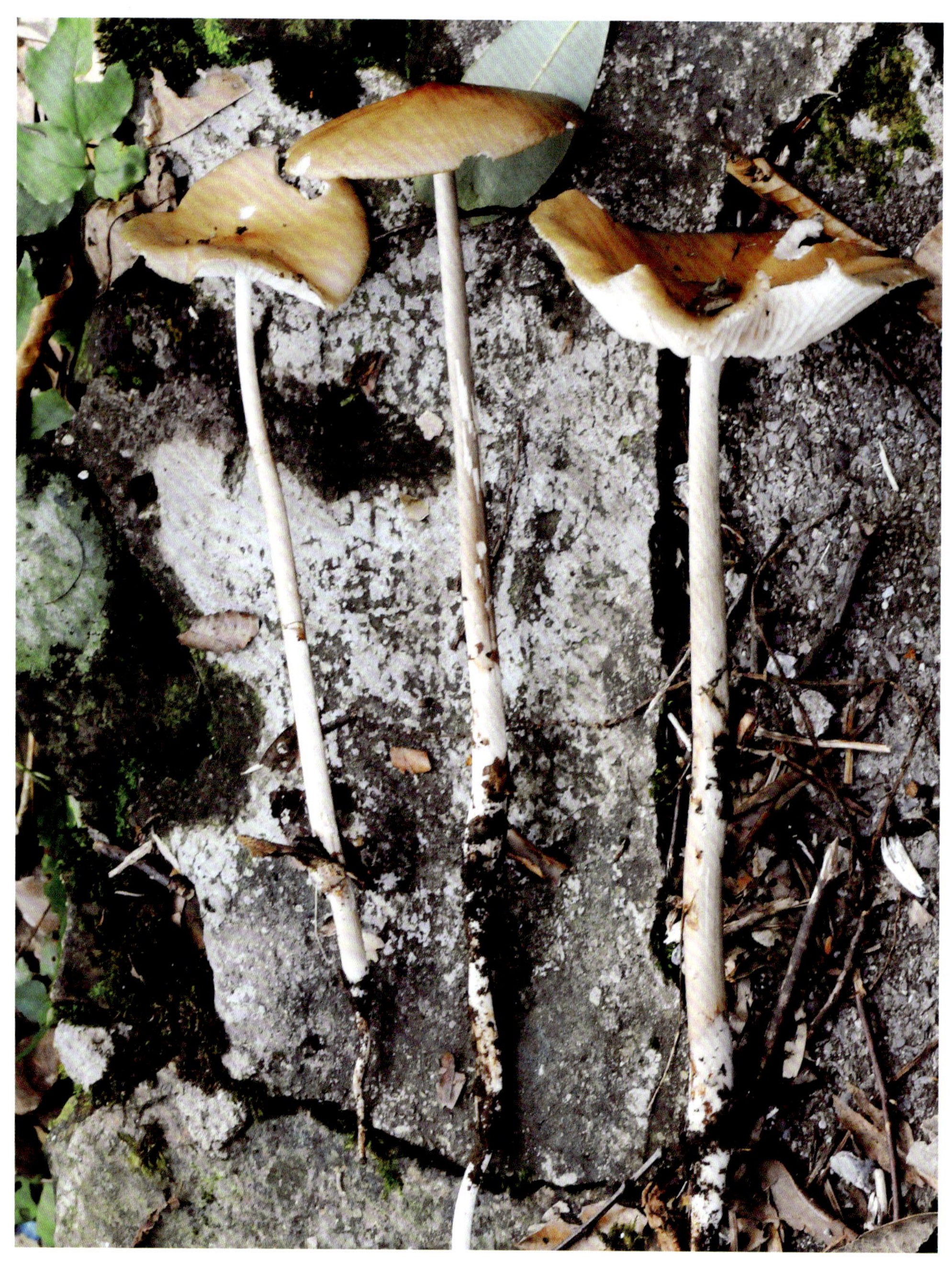

侧耳科 Pleurotaceae

金顶侧耳 金顶蘑、玉皇蘑、榆黄蘑
Pleurotus citrinopileatus

菌盖漏斗形或近扇形，肉质，柔软易烂，草黄色至鲜黄色，直径 2.5～11cm，表面光滑，边缘内卷；菌肉白色，近皮部浅黄色，有菌香味；菌褶白色或稍带黄色，沿菌柄延生，向菌盖边缘呈放射状生出，不等长，不分叉；菌柄偏心生，基部相连并愈合，着生于基物上，淡黄色，长 1.2～8cm，粗 0.5～1.5cm，向上渐细。担孢子近圆柱形或长椭圆形，无色，平滑。

生于阔叶树的腐木上。分布于河北、吉林、黑龙江、广西、四川、贵州。

为食用菌，可药用。

糙皮侧耳 平菇、白平菇、侧耳

Pleurotus ostreatus

菌盖漏斗形或近扇形，肉质，灰白色至灰色，直径 5～10cm，表面光滑或有条纹，边缘内卷；菌肉白色，近皮部浅灰白色，有菌香味；菌褶白色或稍带灰白色，沿菌柄延生，在菌柄上交织，稍密至稍稀，不等长；菌柄侧生，白色，长 1.5～3cm，粗 1～2cm，向上渐细，基部相连并愈合，着生于基物上。担孢子近圆柱形，无色，光滑。

生于阔叶树的腐木上。分布于黑龙江、吉林、辽宁、内蒙古、河北、山西、河南、陕西、新疆、江苏、四川、贵州、西藏、台湾、广西。

为食用菌，可药用。

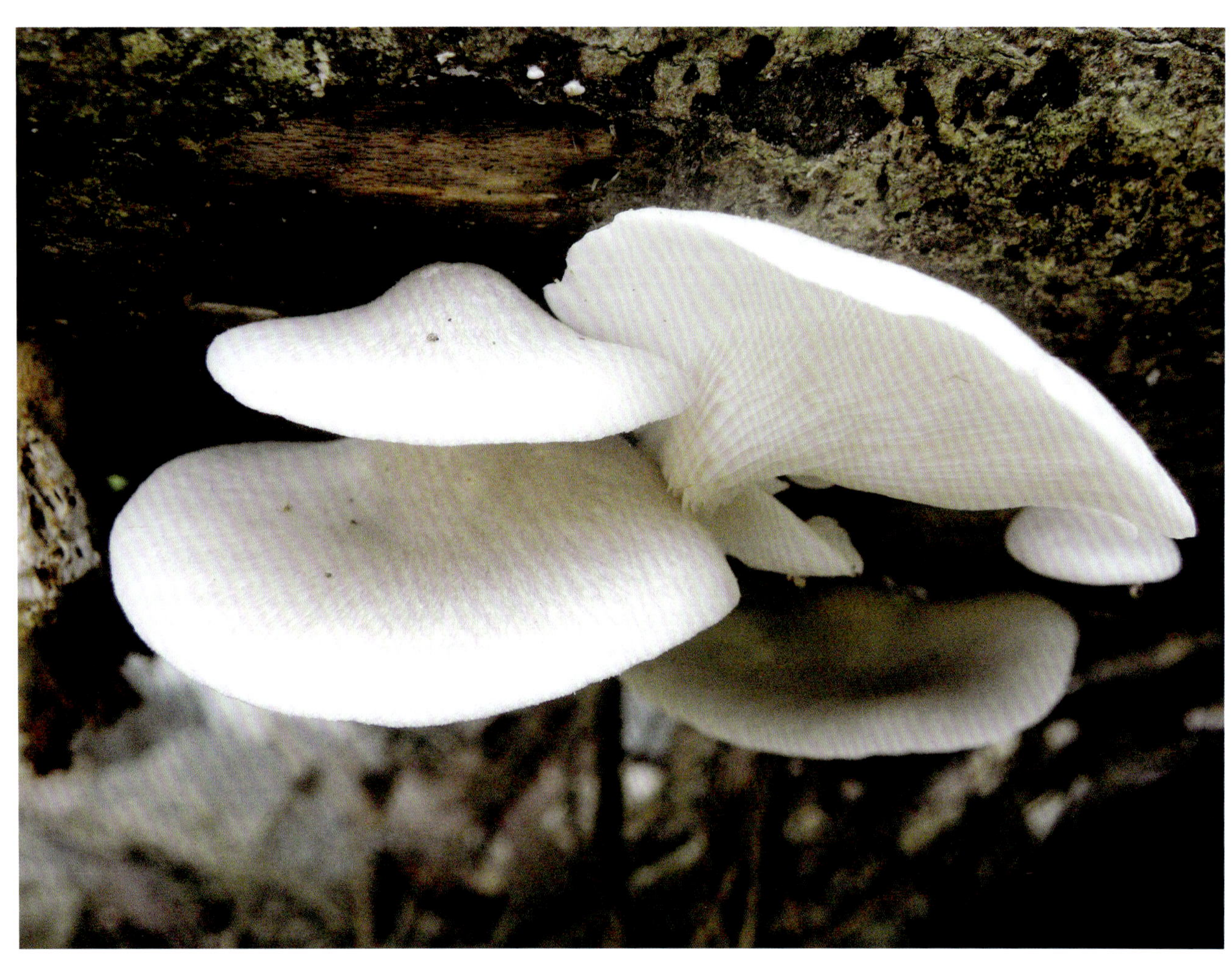

火丝菌科 Pyronemataceae

橙黄网孢盘菌　橙黄盘菌
Aleuria aurantia

子囊盘无柄，直径3～6cm，呈盘状或浅杯状，侧斜似耳状，边缘波状或内卷，外侧面浅杏黄色至橙黄色，子实层面色稍浅，表面近光滑。子囊长筒形，（150～170）μm×（9.5～11）μm，侧丝线形。子囊孢子椭圆形，（15～18.5）μm×（8～11）μm，带微黄色，光滑。

生于林地。分布于吉林、山西、湖南、广西、贵州、青海。

为食用菌。

红菇科 Russulaceae

香乳菇
Lactarius camphoratus

菌盖扁半球形，后平展，中央微凹，往往有小凸起，直径3～5cm，深肉桂色至深红褐色，湿时黏，无环纹；菌肉近白色而微带浅肉桂色；菌褶近白色至微带浅肉桂色、肉桂色，近直生；菌柄近圆柱形，长3～5cm，粗0.5～0.8cm，肉桂色至深肉桂色，内部松软，后中空。担孢子近球形，有疣和网纹，无色。

生于阔叶林中地上。分布于吉林、河北、甘肃、江苏、四川、贵州、云南、广东、广西、海南。

为食用菌。

松乳菇　松树蘑、松菌、茅草菇

Lactarius deliciosus

菌盖初期半球形或近球形，后平展呈波状，中部凹陷，直径 3～11cm，表面呈虾仁色或紫红褐色，有明显而色较鲜艳的环带，光滑，无毛，黏，边缘初期内卷，后伸展上翘；菌肉初期近白色，后渐变肉色至橙黄色，脆，伤后变为绿色；乳汁橘红色，后变为绿色；菌褶直生或稍延生，较密，近柄处分叉，长短不一，盖缘有短褶，褶间有横脉相连，与菌盖同色或稍淡一些，受伤处变成蓝绿色；菌柄长 2～5.5cm，粗 1～2.2cm，近圆柱形，与盖同色，伤后变成绿色，内部松软，后中空。担孢子近球形或广椭圆形，无色，有明显的小刺和不明显的网纹。

生于针叶林或针阔混交林中地上。分布于湖南、四川、贵州、云南、广东、广西、台湾。

为食用菌，可药用。

詹氏乳菇 格拉氏乳菇、宽褶褐乳菇
Lactarius gerardii

菌盖直径5～11cm，中凹，微呈脐状，后平展，污黑褐色，盖表有绒毛，有放射状皱缩；菌肉脆，白色，伤后不变色；乳汁白色，肉微有辣味；菌褶稀，贴生或微下延，白色，后变微褐色，褶片较厚，伤后不具斑点；菌柄中生，长3.5～8cm，粗8～15mm，黑褐色，中空，外表有白色粉霜状物。担孢子近圆形、宽卵圆形，一端有芽孔突出，壁有脊突纹饰，中部微结成网眼状，脊突高0.5～0.6μm。

生于针阔混交林下。分布于四川、贵州、云南、福建、西藏。

为食用菌。

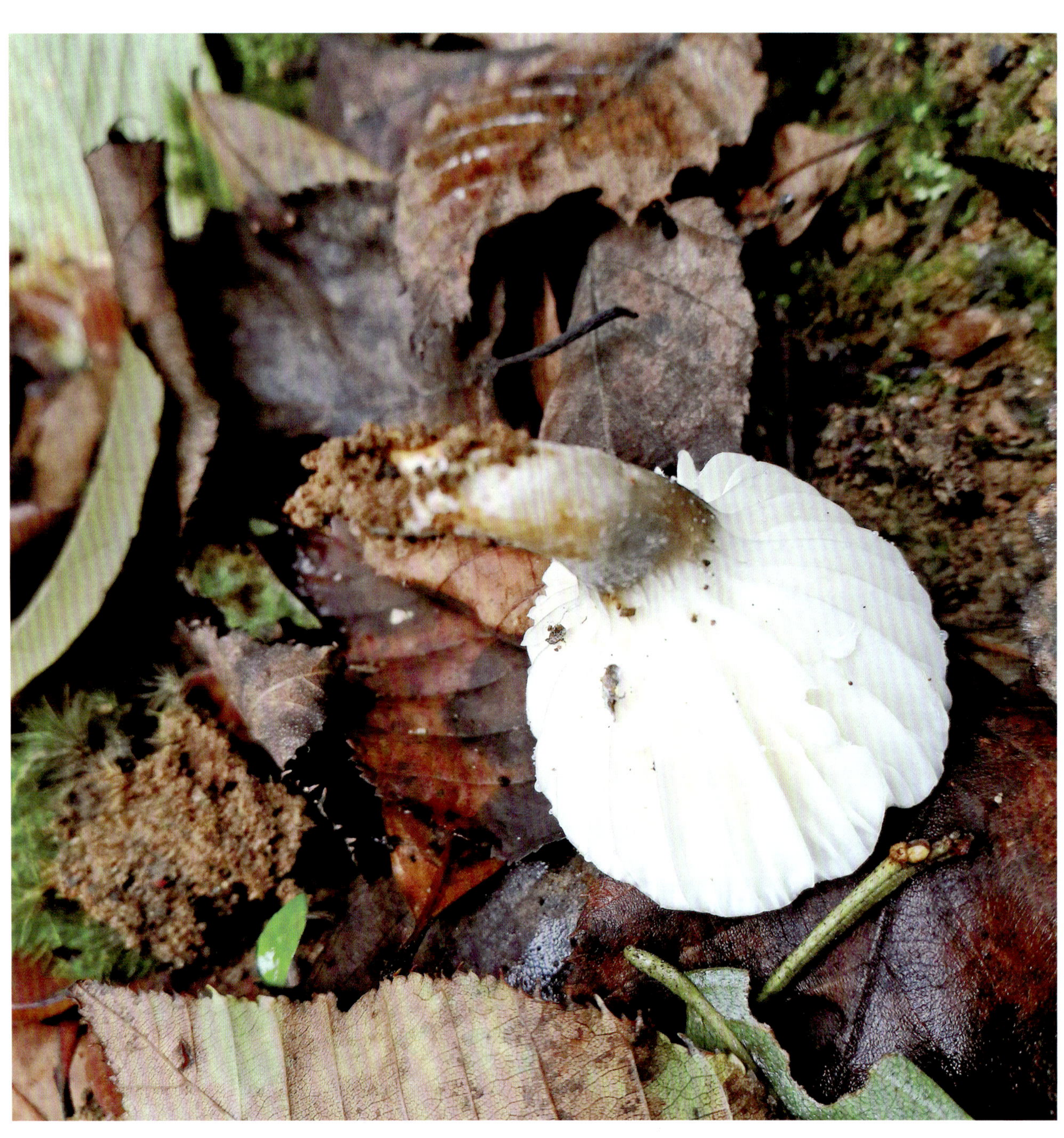

红汁乳菇
Lactarius hatsudake

菌盖扁半球形，后伸展，扁平，下凹或中央脐状，最后呈浅漏斗形，直径4～10cm，表面光滑，稍黏，肉红色或杏黄肉色，受伤时渐变为蓝绿色，有色较深的同心环带，菌盖边缘初期内卷，后平展上翘；菌肉粉肉红色，脆，伤后渐变为蓝绿色；乳汁血红色，渐变为蓝绿色；菌褶近延生，稍密，分叉，与菌盖同色，伤后变为蓝绿色；菌柄长3～6cm，粗1～2.5cm，与菌盖同色，圆柱形，往往向下渐细，中空。担孢子广椭圆形，近无色，有疣和不完整网纹。

生于针叶林、阔叶林中地上。分布于黑龙江、吉林、辽宁、河北、河南、福建、湖南、甘肃、陕西、四川、贵州、云南、西藏、广东、广西、海南、香港、台湾。

为食用菌。

多汁乳菇
Lactarius volemus

菌盖初期扁半球形，后渐平展至中凹呈漏斗状，表面黄褐色至土红色，多覆盖有白粉状附属物，不黏，无环带，平滑或稍带细绒毡状，边缘初期内卷，后伸展，直径4～11cm；菌肉乳白色，伤后变淡褐色，硬脆，肥厚致密；乳汁白色，不变色；菌褶近延生，近柄处分叉，密，不等长，白色或变淡黄色，伤后变为褐色；菌柄长3～8cm，粗1～2.5cm，近圆柱形或向下稍变细，与菌盖同色或稍淡，内实，光滑或呈细绒毡状。担孢子近球形或球形，无色至淡黄色，表面有网纹和微细疣。

生于林中地上。分布于辽宁、浙江、吉林、黑龙江、江苏、安徽、福建、湖南、广东、广西、四川、云南、西藏、海南、贵州。

为食用菌。

壳状红菇
Russula crustosa

菌盖初期扁半球形，后渐平展，中凹，直径 3～8.5cm，表面浅土黄色或浅草绿色，中部色深，湿润时较黏，表面有斑状龟裂，老后边有棱纹；菌肉白色；菌褶白色，少数分叉，直生或凹生；菌柄近圆柱形，白色或稍带浅土黄色，长 2～5cm，粗 1～2cm，内部松软。担孢子近球形，无色，有小疣。

生于针叶林或阔叶林中地上。分布于河北、陕西、安徽、江苏、四川、云南、贵州、福建、广东、广西、海南。

为食用菌。

蓝黄红菇　花盖菇
Russula cyanoxantha

菌盖初期扁半球形，后渐平展下凹，直径4～9cm，浅紫蓝灰色、浅紫褐色稍带绿色、浅青褐色至灰绿褐色，往往紫、绿、褐等各色混杂，中部色稍深；菌肉白色，表皮下淡红色或淡紫色，伤不变色；菌褶白色，较密，不等长，多分叉，褶间有横脉，近直生；菌柄长3～8cm，粗1～2.5cm，白色，近圆柱形，质脆，内部组织呈海绵质。担孢子近球形，无色，有小刺。

生于阔叶林中地上。分布于黑龙江、吉林、辽宁、山东、河南、江苏、安徽、福建、陕西、青海、湖南、湖北、广东、广西、四川、云南、贵州、西藏、新疆。

为食用菌。

美味红菇 大白菇

Russula delica

菌盖初期扁半球形，中央脐状，伸展后下凹，直径 5～13cm，白色，后污白色稍带蛋壳色，光滑或具细绒毛，稍黏，边缘初期内卷，后平展或稍上翘，无条纹；菌肉白色或近白色；菌褶白色或近白色，后稍带蛋壳色，中等密，不等长，分叉，狭窄，近延生；菌柄长 2～5cm，粗 1.5～3cm，白色，伤不变色，圆柱形或向下渐细，光滑。担孢子近球形，小刺明显，稍有网纹，无色。

生于针叶林或针阔混交林中地上。分布于安徽、江苏、浙江、贵州、云南、广东、广西、海南。

为食用菌。

叶绿红菇
Russula heterophylla

菌盖扁半球形至平展，中部稍下陷，直径5～12cm，盖表浅绿色、淡黄绿色或灰绿色；菌肉白色；菌褶近延生，白色，密；菌柄中生，长2～6cm，粗1～2cm，近圆柱形，白色。担孢子近球形，壁上具小疣，无色。

生于林中地上。分布于黑龙江、河北、河南、江苏、四川、贵州、云南、福建、广东、海南。

为食用菌。

厚皮红菇 赭红菇

Russula mustelina

菌盖初期扁半球形，后渐平展至稍凹陷，直径3～8cm，黏，朱红色或暗红色，边缘色略浅，中央暗红色，表面被毛，表皮有时龟裂成鳞片状，边缘完整或有条纹；菌肉白色；菌褶初期白色，后为乳黄色，不等长，有分叉，褶间有横脉，直生；菌柄长3～6cm，粗0.8～1.5cm，近圆柱形，白色，有时染有粉红色或带玫瑰红色，内部松软至中空。担孢子印白色或浅黄白色；担孢子近球形，有小刺，无色或稍带淡黄色。

生于阔叶林中地上。分布于江苏、福建、广东、广西、贵州。

为食用菌。

红菇 鳞盖红菇、红色红菇

Russula rosea

菌盖平展，中央微凹，直径5～10cm，粉红色、红色至灰紫红色，中部色稍深或深红色，湿时黏，被绒毛，有或无条纹，表皮易撕下；菌肉白而微带黄色；菌褶白色，等长，有分叉，有横脉，直生；菌柄中生，圆柱形或棒形，长4～10cm，粗1～2cm，基部略大，白色或染有珊瑚色，有或无绒毛和条纹。担孢子球形至近球形，有小刺和弱网纹，微黄色。

生于阔叶林或混交林中地上。分布于辽宁、江苏、四川、贵州、云南、福建、广东、广西。

为食用菌。

绿红菇 绿菇、变绿红菇、青头菌

Russula virescens

菌盖幼时呈球形，后渐伸展，呈扁半球形，中央稍凹，直径5～10cm，不黏，浅绿色至绿色，表皮往往龟裂成不规则的块状小斑，边缘有明显的棱纹；菌肉白色，质脆；菌褶白色，近直生或离生，等长或长短不一，较密，褶间具横脉；菌柄长3～7cm，粗1～2cm，白色。担孢子近球形，无色，有小疣和纹状突起。

生于针叶林或阔叶林中地上。分布于吉林、山东、安徽、浙江、江苏、贵州、云南、广东、广西、海南。

为食用菌。

球盖菇科 Strophariaceae

多脂鳞伞　黄伞

Pholiota adiposa

菌盖直径3～8cm，扁半球形，边缘内卷，谷黄色、污黄色或黄褐色，干后变硬呈深褐色，有平伏鳞片，中央较密；菌肉淡黄色；菌褶直生或近弯生，稍密，黄色至锈褐色；菌柄长3.5～9cm，粗0.5～1.5cm，圆柱形，下部稍弯曲，与菌盖同色，内实，有反卷纤毛状鳞片；菌环淡黄色，生于菌柄上部，易脱落。担孢子光滑，淡褐色，椭圆形。

生于阔叶林中倒木或立木上。分布于贵州、云南、广西、海南。

为食用菌。

乳牛肝菌科 Suillaceae

乳牛肝菌　黏盖牛肝菌
Suillus bovinus

菌盖平展，直径3.5～10cm，盖缘初内卷，后呈波状，新鲜时土黄色、淡黄褐色，干后呈肉桂色，湿时胶黏；菌肉浅黄色；菌管直生或近延生，淡黄褐色；菌孔复式，大，角形或常呈辐射状排列；菌柄近圆柱形，（3～7）cm×（0.5～1.3）cm，有时基部稍细，光滑，无腺点，上部淡土黄色至淡黄褐色，下部黄褐色。担孢子长椭圆形，淡黄色，光滑。

生于松林及其他针叶林中地上。分布于吉林、辽宁、浙江、安徽、江西、湖南、贵州、云南、西藏、福建、广东、广西、台湾。

为食用菌。

虎皮乳牛肝菌 虎皮小牛肝菌

Suillus pictus

菌盖扁半球形至平展，直径 4～10cm，上覆桃红色至红褐色绒毛状鳞片，边缘常可见菌幕残余；菌肉浅黄色，伤后微变红；菌管延生，黄褐色，辐射状排列，管口复式，角形；菌柄近圆柱形，长 3～10cm，粗 1～2cm，与盖表同色，上覆桃红色至红褐色绒毛状鳞片，柄的上部有残存菌环。担孢子长椭圆形，光滑，浅黄褐色至黄褐色。

生于阔叶林中地上。分布于吉林、黑龙江、江苏、浙江、安徽、湖北、湖南、广东、海南、四川、贵州、云南。

为食用菌。

琥珀乳牛肝菌 黄白黏盖牛肝菌、滑肚子

Suillus placidus

菌盖近半球形，直径 3～6cm，黄白色至浅黄色，光滑，黏；菌管直，黄白色、浅黄色至黄褐色，受伤不变色，管口黄色，多角形；菌柄近圆柱形，长 3～5cm，粗 0.6～1.2cm，黄白色，具乳白色或浅褐色腺点；菌肉白色，受伤不变色。担孢子近长椭圆形，浅黄褐色至黄褐色，光滑。

生于针叶林中地上。分布于吉林、辽宁、陕西、四川、贵州、云南。

为食用菌。

银耳科 Tremellaceae

橙黄银耳　黄银耳、金耳

Tremella aurantia

子实体呈脑状或瓣裂状，直径 6～10cm，基部着生于木上，新鲜时黄色或橙黄色，干后坚硬，浸泡后可恢复原状。担孢子近圆形、椭圆形，（5～6）μm×（3～4）μm。

生于栎树的朽木上。分布于山西、江西、福建、四川、江苏、西藏。

为食用菌。

茶色银耳 血耳

Tremella foliacea

子实体由薄的叶状瓣片组成，直径3～8cm，高3～5cm，红褐色或锈褐色，干后深褐色，胶质，半透明；子实层覆于瓣片的两侧。担孢子近球形，（7.5～10）μm×（6.8～8）μm。

生于阔叶林倒木或枯枝上。分布于山西、吉林、浙江、安徽、福建、江西、湖北、湖南、广东、广西、海南、四川、贵州、云南、陕西、青海。

为食用菌，可药用。

银耳 白木耳、雪耳、银耳子

Tremella fuciformis

子实体胶质，光滑，半透明，耳状或花瓣状，直径5～9cm，纯白色，有平滑柔软的胶质褶壁，由3～10片扁薄而卷曲的瓣片组成，干后变淡黄色，基蒂常黄褐色，硬而脆；每个瓣片的上下表面均为子实层所覆盖，直径3～7cm，厚2～3mm，带状至花瓣状，边缘波状或瓣裂，两面平滑。担孢子卵形或近球形，无色，透明，（6～8.5）μm ×（4～6）μm。

生于阔叶树的倒木上。分布于山西、吉林、江苏、浙江、安徽、福建、江西、湖北、湖南、广东、四川、贵州、云南、陕西、台湾、海南。

为食用菌。

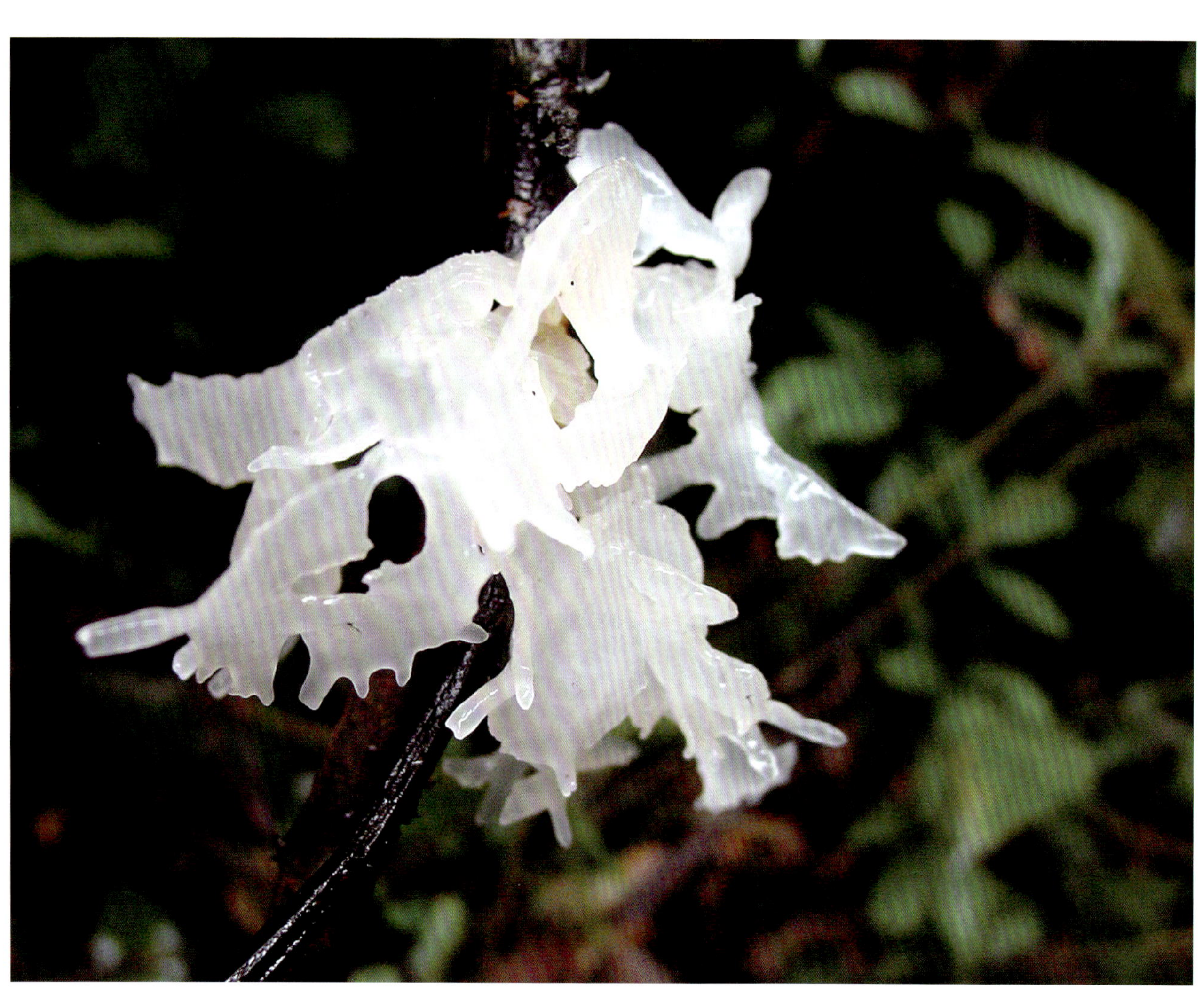

白蘑科 Tricholomataceae

花脸香蘑
Lepista sordida

菌盖直径3～8cm，初期扁球形，后渐伸展，中央有稍下凹，淡紫色，盖面往往呈不规则形，表面湿时水浸状，光滑，边缘波状，向下卷曲；菌肉肥厚，淡紫色；菌褶淡紫色，近直生至弯生，不等长；菌柄中生，圆柱形，内实，纤维质，淡紫色，长3～6cm。担孢子椭圆形，无色。

生于草地上。分布于海南、四川、贵州、云南。为食用菌。

主要参考文献

崔桂友. 1998. 中国的食用蕨类资源与开发利用. 中国烹饪研究, 15(1): 21-28.

戴锡玲, 李新国, 吴世福. 2003. 中国食用蕨类植物名录. 中国林副特产, (4): 5-6.

杜兴翠, 冉景丞, 欧忠喜, 等. 2009. 荔波县野生蔬菜资源利用现状和保护措施. 河北农业科学, 13(8): 15-18.

胡明文, 王谋强. 1998. 贵州主要蔬菜良繁试验初报. 种子, (3): 62-63.

刘冰, 叶建飞, 刘夙, 等. 2016. 中国被子植物科属概览: 依据 APGⅢ系统. 生物多样性, 23(2): 225-231.

刘媛, 程治英. 2006. 蕨类植物的综合利用价值. 西南园艺, 34(6): 39-41.

陶桂全. 1989. 中国野菜图谱. 北京: 解放军出版社.

殷帅文, 刘旻生, 肖南, 等. 2007. 井冈山有毒蕨类植物研究. 安徽农业科学, 35(8): 357-358.

云雪林, 赵能武, 潘炉台, 等. 2009. 贵州食用蕨类植物资源分布及开发利用. 农业科学与技术 (英文版), 10(5): 15911-15912.

张宪春. 2012. 中国石松类和蕨类植物. 北京: 北京大学出版社.

张宪春, 姚正明. 2017. 中国茂兰石松类和蕨类植物. 北京: 科学出版社.

郑希龙. 2012. 海南民族植物学研究. 武汉: 华中科技大学出版社.

郑云翔, 唐伟斌. 2007. 太行山蕨菜资源及栽培技术要点. 北方园艺, (6): 99-100.

中国科学院中国植物委员会. 1990-2006. 中国植物志. 第二至七十四卷. 北京: 科学出版社.

朱晓凤. 2016. 中国几种食用蕨类植物的孢子繁殖与蛋白质营养价值评价. 安徽农业大学硕士学位论文.

APG Ⅳ. 2016. An update of the Angiosperm Phylogeny Group classification for the orders and families of flowering plants: APG Ⅳ. Botanical Journal of the Linnean Society, 181(1): 1-20.

Liu Y J, Wujisguleng W, Long C L. 2012. Food uses of ferns in China: a review. Acta Societatis Botanicorum Poloniae, 81(4): 263-270.

The Pteridophyte Phylogeny Group (PPG Ⅰ). 2016. A community-derived classification for extant lycophytes and ferns. Journal of Systematics and Evolution, 54(6): 563-603.

Wu Z Y, Raven P H, Hong D Y. 2013. Flora of China. Vol. 2-3. Beijing: Science Press; St. Louis: Missouri Botanical Garden Press.

中文名索引

拉丁名索引

V

Y

Z